Web 编程基础

——CSS、JavaScript、jQuery

主　编　何　婕　李健苹

副主编　龚　卫　周继松　钟　斌　周　勇

参　编　陈虹宇　朱中华

主　审　王成良

重庆大学出版社

内容简介

本书紧密围绕网页设计师在进行 Web 前台开发中实际需要掌握的技术，全面介绍了使用 DIV+CSS、JavaScript、jQuery 进行 Web 页面设计和制作技巧。本书不是单纯地讲解语法，而是通过一个真实的网站进行贯穿，引导出相应的任务。在每一个任务的学习中，首先是提出任务要求，然后讲解本任务所涉及的知识点，最后讲述完成步骤。本书共分为 3 个项目、17 个任务，分别讲述了 DIV+CSS 网页布局、JavaScript 网页特效和 jQuery 网页特效。

本书可作为高等院校计算机相关专业的教学用书，也可以作为网页设计师考试和网页前台设计爱好者的参考用书。

图书在版编目（CIP）数据

Web 编程基础：CSS、JavaScript、jQuery／何婕，李健苹主编.—重庆：重庆大学出版社，2015.6

ISBN 978-7-5624-8818-7

Ⅰ.①W… Ⅱ.①何…②李… Ⅲ.①网页制作工具—程序设计—高等学校—教材 Ⅳ.①TP393.092

中国版本图书馆 CIP 数据核字（2015）第 023681 号

Web 编程基础

——CSS、JavaScript、jQuery

主 编 何 婕 李健苹

副主编 龚 卫 周继松 钟 斌 周 勇

主 审 王成良

策划编辑：彭 宁

责任编辑：文 鹏 版式设计：彭 宁

责任校对：邬小梅 责任印制：赵 晟

*

重庆大学出版社出版发行

出版人：邓晓益

社址：重庆市沙坪坝区大学城西路 21 号

邮编：401331

电话：（023）88617190 88617185（中小学）

传真：（023）88617186 88617166

网址：http://www.cqup.com.cn

邮箱：fxk@cqup.com.cn（营销中心）

全国新华书店经销

重庆联谊印务有限公司印刷

*

开本：787×1092 1/16 印张：15.75 字数：373千

2015 年 6 月第 1 版 2015 年 6 月第 1 次印刷

印数：1—1 000

ISBN 978-7-5624-8818-7 定价：32.00 元

国家骨干高职院校重点建设项目
——软件技术专业系列教材
编委会

总序

随着计算机的日益普及和移动互联网的飞速发展,信息与相关的软件技术已成为信息社会的运行平台和实施载体,软件已开始走向各个行业,软件技术应用的全面延伸对信息处理的软件技术的发展提出了更高要求,同时促进了软件技术和软件行业的飞速发展,软件技术已经成为当今发展最为迅速的技术之一。

当今世界衡量城市或地区国际竞争力、现代化程度和经济增长能力的重要标志是推行信息化的水平,在大量推进信息化建设过程中,对软件产品和软件技术产生的巨大的需求,使软件企业迅猛发展,因此,世界各国都面临着“软件产品开发、软件产品使用、软件产品维护”人才的巨大需求。而我国早在2004年《教育部财政部关于推进职业教育若干工作的意见》已将软件技术在内的计算机人才列为紧缺型人才。2012 年 6 月,教育部颁布的《国家教育事业发展第十二个五年规划》中要求我们能培养出更多的能适应“产业转型升级和企业技术创新需要的发展型、复合型和创新型的技术技能人才”,对高职教育人才培养方向的明确定位,增加了对高职教育人才培养的价值期待,以满足产业转型升级和技术创新需要。

重庆工商职业学院于2012 年起作为国家骨干高职建设单位,积极探索校企合作工学结合人才培养新内涵。学校通过一系列的调研和准备工作,联合 30 多家企业、行业、院校和政府建立了政、行、企、校合作发展理事会,学院软件技术教学团队以合作发展理事会为纽带,认真开展软件人才需求调研。与重庆市经信委软件处、信息化处、重庆市服务外包协会、重庆市人力资源与社会保障局、重庆市软件技术行业协会、重庆德克特科技公司、重庆市亚德科技股份有限公司、重庆市博恩科技(集团)有限公司等多家单位共同编写了《应用软件开发职业人才标准》。依据人才标准,在重庆大学出版社的倡导下,组织具有丰富实践经验的软件企业技术人员和职业院校的一线教师，与软件行业实际紧密结合，共同编写了《软件技术专业系列教材》。

这套《软件技术专业系列教材》采用校企结合模式编写，结合全国软件企业发展状况，推出的面向全国、面向未来的教材，既汇集了高校专业教师们的理论知识，也汇聚了软件企业工程师们的宝贵经验。

为做好教材的编写工作，重庆大学出版社专门成立了由各行业专家组成的教材编写委员会。这些专家对软件技术专业教学作了深入细致的调查研究，对教材编写提出了许多建设性意见，反复审查，确保教材本身的高质量水平，对教材的教学思想和方法的先进性、科学性严格把关。

"校企合作"、"项目化"是本套系列教材的特点，教材将企业提供的真实项目解构重构为项目案例，分解项目案例为一个个的任务。在具体教学时，向学生发放要素齐全的项目任务单，明确项目教学的过程和相关知识点，极大地方便教师们实施"任务驱动"的课堂教学。

随着软件技术发展的需要，新技术的不断应用，本系列教材必然还要不断补充、完善，希望该套教材的出版能满足广大职业院校培养软件技术专业人才的需求，能成为开发人员的"良师益友"。

编委会

2015年1月

前言

随着网络信息技术的广泛应用，越来越多的个人、企业利用网站来宣传和推广。目前，制作网页的方式都是运用可视化的网页编辑软件，这个软件功能强大，使用非常方便。但对于高级的网页开发人员来讲，要能够随心所欲地设计符合标准的网页、制作出一般网页设计软件无法实现的许多功能和效果，就要求其掌握 CSS、JavaScript、jQuery 等 Web 前台开发技术。

本教材是重庆工商职业学院国家骨干高职院校建设项目和重庆市市级示范专业建设项目的成果之一，根据高等职业技术教育、教学特点和我校在骨干建设中的教学改革实践编写而成。全书以“重庆工商职业学院电子信息工程学院网站”项目为主线，采用任务驱动的方式进行编写，任务的安排由易到难，循序渐进，自成一体。任务主要采用“提出任务—分析该任务要用到的理论知识点—阐述完成任务的步骤—对本次任务进行总结分析”的方法进行编写。这样使得学生的理论和实践不脱节，学生针对任务，知道用哪些知识点去解决它，同时也锻炼了学生分析问题、解决问题的能力。同时，每一部分均有练习题和实训项目，课程安排完整。学生通过课后实训，进一步加强操作、提高动手能力。

学院在国家骨干高职院校和市级示范高职院校的建设中非常重视校企合作。教材的内容、结构以及编写体例等都是校企合作的产物。本教材的副主编周继松、钟斌、周勇均是企业的优秀工程师，他们提供项目案例及技术支持；本书由重庆大学软件学院的王成良教授担任主审。为此我们衷心感谢他们为本教材的建设作出的重要贡献。

参加本教材编写的作者是多年从事一线教学的教师，具有较为丰富的教学经验。在编写时注重理论与实践紧密结合，注重实用性和可操作性；在案例的选取上注意从学生们身边的实例和网络常用的特效出发；文字叙述上深入浅出，通俗易懂。本教材由重庆工商职业学院电子信息工程学院教师何婕主编。根据编委会的分工和安排，参与各项任务编写的老师主要有：龚卫（任务 1.1,2.2,2.3,2.4），何婕（任务 1.2,2.1,3.1,3.2,3.3），陈虹宇（任务 2.5,2.6），李健苹（任务 3.4,3.5,3.6,3.7）、朱中华（任务 2.7,2.8）。

由于本教材的知识面较广，要将众多的知识很好地贯穿起来，难度较大，不足之处在所难免。为便于以后教材的修订，恳请专家、教师及读者多提宝贵意见。

编　者

2015 年 3 月

目录

项目 1

DIV+CSS 网页布局

【项目描述】

DIV+CSS 是网站标准(或称"Web 标准")中常用的术语之一。在 XHTML 网站设计标准中,不再使用表格定位技术,而是采用 DIV+CSS 的方式实现各种定位。即用 DIV 盒模型结构将各部分内容划分到不同的区块,然后用 CSS 来定义盒模型的位置、大小、边框、内外边距、排列方式等。

【学习目标】

1.了解网页建设和网页设计的要素。

2.认识 Web 标准。

3.了解 Web 安全。

4.掌握 CSS 样式的特点、类型及基本语法。

5.熟悉 CSS 样式表的用法和分类、CSS 文档结构和 CSS 属性的单位与值。

6.理解 DIV 以及 DIV 的嵌套。

7.掌握可视化模型(盒模型、视觉可视化模型、相对定位、绝对定位、浮动定位、空白边叠加)。

8.掌握 CSS 布局方式(居中的布局、浮动的布局、高度自适应的布局)。

【能力目标】

1.能够依照 Web 标准建设和设计网页。

2.能够熟练地对页面背景、页面图片、文本内容、表单样式、列表样式、超级链接进行设计和属性设置。

3.能够熟练地运用 DIV+CSS 进行布局定位。

任务 1.1　Web 标准

1.1.1　网站构建

每个网站开发者都必须了解以下 Web 构件：

- HTML 5；
- CSS 的使用（样式表）；
- XHTML；
- XML 和 XSLT；
- 客户端脚本；
- 服务器端脚本；
- 通过 SQL 管理数据；
- Web 的未来。

(1) HTML 5

HTML 标准自 1999 年 12 月发布的 HTML 4.01 后，为了推动 Web 标准化运动的发展，一些公司联合起来进行合作，来创建一个新版本的 HTML。

HTML 5 的第一份草案于 2008 年 1 月 22 日公布。2012 年 12 月 17 日，W3C 正式宣布 HTML 5 规范正式定稿，并宣称"HTML 5 是开放的 Web 网络平台的奠基石"。2013 年 5 月 6 日，HTML 5.1 正式草案公布。

HTML 5 的设计目的是为了在移动设备上支持多媒体。同时，HTML 5 还引进了新的功能可以真正改变用户与文档的交互方式。其新特性包括：

- 用于绘画的 canvas 元素；
- 用于媒体回放的 video 和 audio 元素；
- 对本地离线存储的更好的支持；
- 新的表单控件；
- 新的特殊内容元素。

(2) 层叠样式表(Cascading Style Sheets-CSS)

样式可定义 HTML 元素如何被显示，类似 font 标签在 HTML 3.2 中所起到的作用。样式通常被保存在 HTML 文档之外的文件中。外部样式表使用户有能力仅仅通过编辑一个简单的 CSS 文档来改变网站内所有页面的外观和布局。如果用户曾经尝试过进行某些改变，比如同时改变站内所有网页标题的字体或颜色，用户就会明白 CSS 如何能够达到事半功倍的效果。

(3) XHTML——HTML 的未来

XHTML 指可扩展超文本标记语言(Extensible Hyper-Text Markup Language)。

XHTML 1.0 是源自 W3C 的最新的 HTML 标准。它于 2000 年 1 月 26 日成为正式的推荐标准(Recommendation)。W3C Recommendation 意味着其规范的稳定性，同时其规范目前已成为一种 Web 标准。

XHTML 是一种使用 XML 进行重构的 HTML 4.01,并可以通过遵循一些简单的指导方针立即在现有的浏览器中投入使用。

(4)XML—— 用于描述数据的工具

扩展标记语言(XML)并不是 HTML 的替代品。在未来的 Web 开发中,XML 会被用来描述和存储数据,而 HTML 会被用来显示数据。

对 XML 最合适的描述是一个跨平台的、独立于软硬件的,信息存储和传输工具。

XML 的重要性不亚于 HTML 对于 Web 的基础性地位,并且 XML 将会成为最重要的数据处理和传输工具。

(5)XSLT——用户转换数据的工具

XSLT(可扩展的样式表语言转换,Extensible Stylesheet Language Transformations),是用于转换 XML 的语言。

未来的网站将不得不向不同的浏览器并向其他 Web 服务器以不同的格式传递数据。而 XSLT 则是一种将 XML 数据转换为不同格式的新的 W3C 标准。

XSLT 可以把 XML 文件转换为浏览器可识别的格式,比如 HTML,或者 WML——一种用于许多手持设备的标记语言。

XSLT 还可以添加元素,并对元素进行删除、重新排列及排序,测试并确定显示哪些元素,等等。

(6)客户端脚本

客户端脚本是一种有关因特网浏览器行为的编程。用户应该学习 JavaScript,这样才能有能力传递更多的动态网站内容:

1)JavaScript 是为 HTML 设计者提供的一种编程工具

HTML 的创作者通常都不是程序员,但是 JavaScript 是一种语法非常简单的脚本语言!几乎任何人都能够把某些 JavaScript 的代码片断放入他们的 HTML 页面中。

2)JavaScript 可以在 HTML 页面中放入动态的文本

像这样的一条 JavaScript 语言可以在 HTML 页面中写入可变的文本:document. write ("h1"+name + "/h1")。

3)JavaScript 能够对事件进行反应

可以把 JavaScript 设置为在某事件执行时发生,比如当页面加载完毕或当用户点击某个 HTML 元素时。

4)JavaScript 可读取并修改 HTML 元素

JavaScript 能够读取并修改 HTML 元素的内容。

5)JavaScript 可被用来验证数据

可使用 JavaScript 在表单被提交到服务器前对表单数据进行验证,这样可确保服务器进行正确的数据处理。

(7)服务器端脚本

服务器端脚本和因特网服务器编程有关。用户应该学习服务器端脚本,这样才能有能力传递更多的动态网站内容。通过服务器端的编程,用户可以:

- 动态地编辑、修改或添加网页内容；
- 对用户从 HTML 提交的查询或数据进行响应；
- 访问数据或数据库，并把结果返回浏览器；
- 访问文件或 XML 数据，并把结果返回浏览器；
- 把 XML 转换为 HTML，并把结果返回到浏览器；
- 为不同的用户定制页面，提高页面的可用性；
- 对不同的网页提供安全和访问控制；
- 为不同类型的浏览器设计不同的输出；
- 最小化网络流量。

(8)使用 SQL 管理数据

结构化查询语言(SQL)是对诸如下列数据库进行访问的通用标准：SQL Server、Oracle、Sybase以及 Access。

对于那些希望从数据库存储和提取数据的人们来说，有关 SQL 的知识是极具价值的。任何 Web 管理员都应当明白，SQL 对于 Web 上的数据库来说，是一种真正切合的引擎。

1.1.2 网站设计

(1)用户都是浏览者

如果您认为一般的用户会完完整整地阅读您的网页，那么您就错了。

无论您在网页中发布了多么有用的信息，一个访问者在决定是否继续阅读之前仅仅会花几秒钟的时间进行浏览。

如果您希望用户阅读您的文字，请确保在页面段落的第一句就说明您的观点。另外，您还需要在整个页面中使用简短的段落以及有趣的标题。

(2)少即是多

使所有的句子尽可能地短，使所有的段落尽可能地短，使所有的章节尽可能地短，使页面尽可能地短。

请在段落和章节之间使用很多的留白。充斥着冗长文字的页面会赶走用户。也不要在单一的页面上放置太多的内容。如果确实有必要传递大量的信息，请尽量把内容分为小块，然后放入不同的页面中。不要指望每个访问者都能把一张数千字的页面一路滚动到底。

(3)导航

尽量创建通用于网站中所有页面的导航结构。

把文本段落中的超链接使用量降至最低。请不要使用文本段落内的超链接随意地把访问者带到别的页面。因为这样做会破坏导航结构一致性的感觉。

如果必须使用超链接，请把它们添加到段落的底部或站点的导航菜单中。

(4)下载速度

最常见的错误是由于网站开发者的开发环境造成的，例如使用一台本地的机器开发站点，或者使用一条高速的因特网连接。开发人员有时不会意识到下载他们的页面要花很长的时间。

因特网可用性方面的研究告诉我们，如果网页的下载时间超过 7 s，大多数的访问者会选择离开。

在您发布任何大量的内容前,请确保这些页面在低速的调制解调器连接上进行过测试。如果页面需要花大量的时间下载,或许应当考虑删除某些图片或多媒体内容。

(5)允许您的用户发言

得到来自用户的反馈是件好事情。您的访问者就是你的“客户”,他们经常会给您一些有价值的点子,或者无偿地提供改进的建议。

如果您提供了某种方便的联系途径,您将得到来自很多技能和知识都各不相同的人们大量有益的反馈。

1.1.3 Web标准

(1)为什么使用Web标准?

由于存在不同的浏览器版本,Web开发者常常需要为耗时的多版本开发而艰苦工作。当新的硬件(比如移动电话)和软件(比如微浏览器)开始浏览Web时,这种情况会变得更加严重。

为了使Web更好地发展,对于开发人员和最终用户而言非常重要的事情是,在开发新的应用程序时,浏览器开发商和站点开发商共同遵守标准。

Web的不断壮大,使得其越来越有必要依靠标准实现全部潜力。Web标准可确保每个人都有权利访问相同的信息。如果没有Web标准,那么未来的Web应用,包括我们所梦想的应用程序都是不可能实现的。

同时,Web标准也可以使站点开发更快捷,更令人愉快。为了缩短开发和维护时间,未来的网站将不得不根据标准来进行编码。开发人员不必为了得到相同的结果,而挣扎于多版本的开发。

(2)其他的考虑

一旦Web开发人员遵守了Web标准,由于开发人员可以更容易地理解彼此的编码,Web开发的团队协作将得到简化。

某些开发人员认为标准等同于约束,并认为利用特殊的浏览器特性会为其工作成果增加保障。但是当访问方式日益增加时,未来对这些页面的调整会变得越来越困难。遵守标准是解决此问题需要走出的第一步。只有使用Web标准,才能确保在不频繁和费时地重写代码的情况下,所有的浏览器,无论新的或老式的,都可以正确地显示站点。

Standardization可增加网站的访问量。

标准的Web文档更易被搜索引擎访问,也更易被准确地索引。

标准的Web文档更易被转换为其他格式。

标准的Web文档更易被程序代码访问(比如JavaScript和DOM)。

希望节省大量的时间吗?请养成使用验证服务来验证页面的习惯吧。验证可使您的文档与标准保持一致,并免于出现严重错误。

1)易用性

易用性是HTML标准的一个重要部分。

标准使得残疾人士更容易地使用Web。盲人可使用计算机为他们读出网页。而弱视的人士可重新排列并放大网页。简单的 Web 标准,比如 HTML 和 CSS,将使网页更容易被语音阅读器和其他不常见的输出设备理解。

2)万维网联盟(World Wide Web Consortium)

万维网联盟建立于 1994 年,是一个国际性的联盟,其宗旨是投身于“引领 Web 以激发其全部潜能”。

作为开发人员,特别是当创建这个教育性的网站时,愿意帮助其实现这个梦想。

3)ECMA

欧洲计算机工业协会(ECMA)于 1961 年创建于瑞士,其目标是满足对计算机语言和输入输出代码进行标准化的需要。

ECMA 不是一个官方的标准化机构,而是一个与其他官方机构,比如国际标准化组织(ISO)和欧洲通信标准机构(ETSI),进行合作的公司联合体。

对于 Web 开发人员来说,最重要的标准是 ECMAScript,JavaScript 的标准化。

ECMAScript 是一种标准化的脚本语言,用来处理由 W3C 文档对象模型(DOM)所规定的网页对象。通过 ECMAScript,可对 DOM 对象进行添加、删除或修改。

ECMAScript 标准基于 Netscape 的 JavaScript 和微软的 JScript。

最新的 ECMAScript 规范是 ECMA-262:

http://www.ecma-international.org/publications/standards/ECMA-262.HTM

1.1.4 万维网联盟(World Wide Web Consortium)

(1)万维网联盟(World Wide Web Consortium)

万维网联盟(W3C)创建于 1994 年,是一个致力于“尽展万维网潜能”的国际性联盟。

- W3C 指万维网联盟(World Wide Web Consortium);
- W3C 创建于 1994 年 10 月;
- W3C 由 Tim Berners-Lee 创立;
- W3C 由 Web 的发明人创立;
- W3C 以会员机构的形式进行组织;
- W3C 致力于对 Web 进行标准化;
- W3C 创建并维护了 WWW 标准;
- W3C 标准被称为 W3C 推荐标准(W3C Recommendations)。

W3C 最重要的工作是发展 Web 规范,也就是描述 Web 通信协议(比如 HTML 和 XML)和其他构建模块的“推荐标准”。

(2)最重要的 W3C 标准

- HTML;
- XHTML;
- CSS;
- XML;
- XSL;
- DOM。

1.1.5 Web 安全

(1)用户的 IP 地址是公共的

访问因特网是要冒安全方面的风险的。当用户连到因特网后,IP 地址被用来识别用户的 PC。假如不加防范,外部世界会利用这个 IP 地址(非法)访问用户的计算机。

固定的 IP 地址要冒更大的风险。假如用户正在使用拨号连接的 modem,那么每当用户连到因特网上时就会获得一个新的 IP 地址。但是如果用户拥有一个固定的 IP 地址(电缆、专线等),用户的 IP 就不会有变化了。

如果用户正在使用一个固定的 IP 地址,那么用户给了那些黑客们随时对计算机进行攻击的可能性。

(2)用户的网络共享

个人电脑常常会连接到一个共享网络中。大企业中的个人电脑会连接到大的集团网络,小公司的个人电脑会连接到小的本地网络,而私人家庭中的电脑也会经常与家庭成员分享网路。

网络经常用来共享打印机、文件以及磁盘存储。

当用户连接到因特网,用户的共享资源可能被外部世界访问到。

(3)常见的 Windows 安全问题

不幸的是,很多微软的 Windows 用户都意识不到其网络设置中常见的安全漏洞。

Microsoft Windows 中常见的网络组件安装列表如下:

- Microsoft 网络客户端;
- Microsoft 的文件和打印机网络共享;
- Internet 协议(TCP/IP)。

1)如果用户的设置允许在 TCP/IP 上使用 NetBIOS 时的安全问题

- 文件会被整个 Internet 共享;
- 用户的登录名、计算机名称以及工作组名称对其他人都是可见的。

2)如果用户的设置允许 TCP/IP 上的文件和打印机共享时的安全问题

该文件会被整个 Internet 共享。没有连接任何网络的计算机也可能拥有危险的网络设置,这是由于一旦 Internet 被安装,网络设置就会发生改变。

3)解决问题

请在网络连接属性中禁用 NetBIOS 协议和文件打印机共享,具体的操作方法会因不同的 Windows 版本而略有不同。

如果用户仍然需要在网络上共享打印机和文件,可以选择使用 NetBEUI 协议来代替 TCP/IP 协议。

任务1.2 网站首页页面布局

【任务描述】

运用 DIV+CSS 相关知识对电子信息工程学院网站首页进行页面布局,如图 1.2.1 所示。

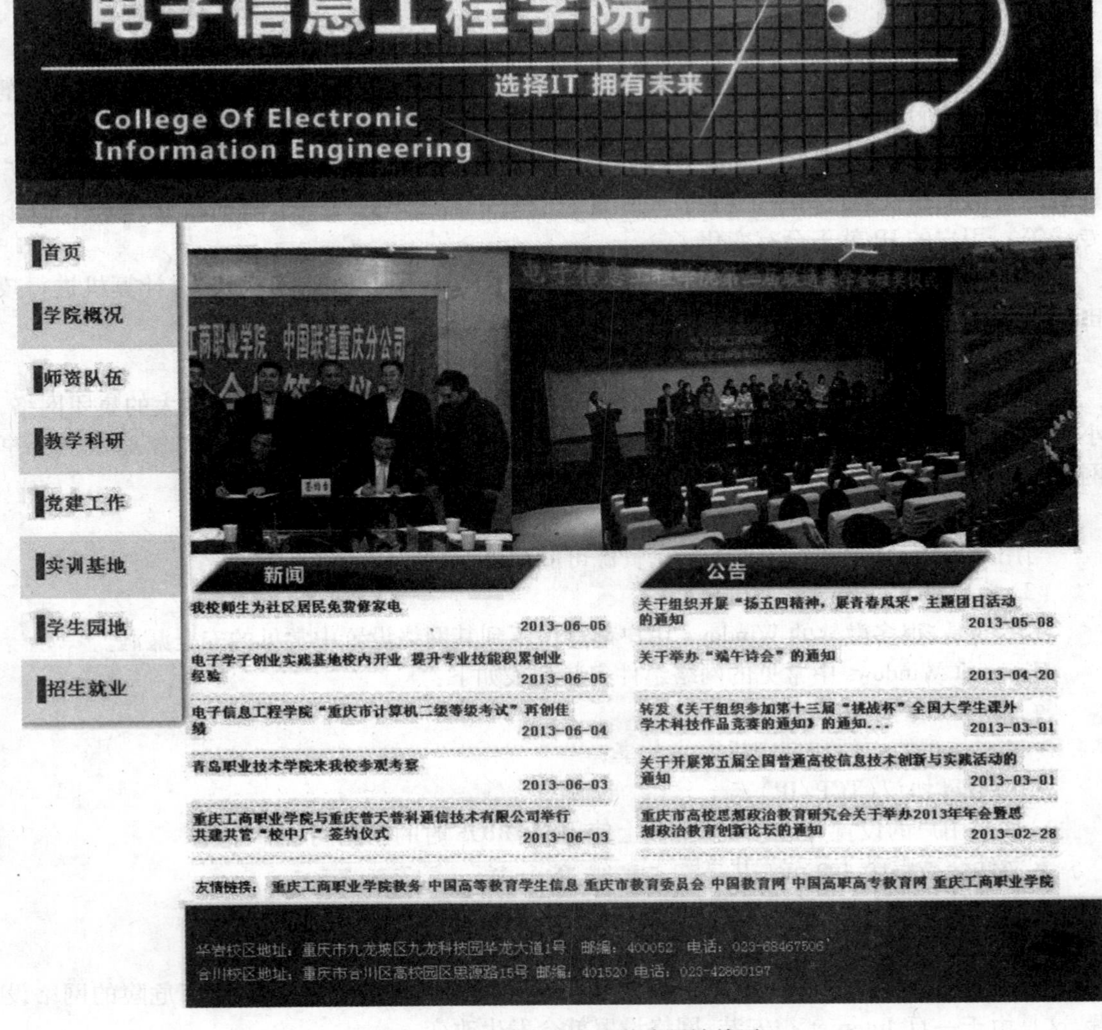

图 1.2.1　电子信息工程学院网站首页

【知识准备】

1.2.1　CSS 简介

(1) CSS 概述

- CSS 指层叠样式表(Cascading Style Sheets)；
- 样式定义如何显示 HTML 元素；
- 样式通常存储在样式表中；
- 把样式添加到 HTML 4.0 中，是为了解决内容与表现分离的问题；
- 外部样式表可以极大提高工作效率；
- 外部样式表通常存储在 CSS 文件中；
- 多个样式定义可层叠为一个。

(2)样式解决了一个普遍的问题

HTML标签原本被设计为用于定义文档内容。通过使用<h1>、<p>、<table>这样的标签，HTML的初衷是表达“这是标题”“这是段落”“这是表格”之类的信息。同时文档布局由浏览器来完成，而不使用任何的格式化标签。

由于两种主要的浏览器(Netscape 和 Internet Explorer)不断地将新的HTML标签和属性(比如字体标签和颜色属性)添加到HTML规范中，创建文档内容清晰地独立于文档表现层的站点变得越来越困难。

为了解决这个问题，万维网联盟(W3C)这个非营利的标准化联盟肩负起了HTML标准化的使命，并在HTML 4.0之外创造出样式(Style)。

所有的主流浏览器均支持层叠样式表。

(3)样式表极大地提高了工作效率

样式表定义如何显示HTML元素，就像HTML 3.2的字体标签和颜色属性所起的作用那样。样式通常保存在外部的.css文件中。通过仅仅编辑一个简单的CSS文档，外部样式表有能力同时改变站点中所有页面的布局和外观。

由于允许同时控制多重页面的样式和布局，CSS可以称得上Web设计领域的一个突破。作为网站开发者，用户能够为每个HTML元素定义样式，并将之应用于用户希望的任意多的页面中。如需进行全局的更新，只需简单地改变样式，然后网站中的所有元素均会自动地更新。

(4)多重样式将层叠为一个

样式表允许以多种方式规定样式信息。样式可以规定在单个的HTML元素中，在HTML页的头元素中，或在一个外部的CSS文件中，甚至可以在同一个HTML文档内部引用多个外部样式表。

当同一个HTML元素被不止一个样式定义时，会使用哪个样式呢?

一般而言，所有的样式会根据下面的规则层叠于一个新的虚拟样式表中，其中数字4拥有最高的优先权。

- 浏览器缺省设置;
- 外部样式表;
- 内部样式表(位于 <head> 标签内部);
- 内联样式(在HTML元素内部)。

因此，内联样式(在HTML元素内部)拥有最高的优先权，这意味着它将优先于以下的样式声明:<head>标签中的样式声明，外部样式表中的样式声明，或者浏览器中的样式声明(缺省值)。

1.2.2 CSS基础语法

CSS规则由两个主要的部分构成:选择器，以及一条或多条声明。

```
selector {declaration1; declaration2; ... declarationN }
```

选择器通常是需要改变样式的HTML元素。

每条声明由一个属性和一个值组成。

属性(property)是用户希望设置的样式属性(style attribute)。每个属性有一个值。属性和值被冒号分开。

selector {property: value}

下面这行代码的作用是将 h1 元素内的文字颜色定义为红色，同时将字体大小设置为 14 像素。

h1 {color:red; font-size:14px;}

在这个例子中，h1 是选择器，color 和 font-size 是属性，red 和 14px 是值。

图 1.2.2 展示了上面这段代码的结构：

图 1.2.2

提示：请使用花括号来包围声明。

(1)值的不同写法和单位

除了英文单词 red，还可以使用十六进制的颜色值 #ff0000：

p { color: #ff0000; }

为了节约字节，可以使用 CSS 的缩写形式：

p { color: #f00; }

还可以通过两种方法使用 RGB 值：

p { color: rgb(255,0,0); }

p { color: rgb(100%,0%,0%); }

请注意，当使用 RGB 百分比时，即使值为 0 也要写百分比符号。但是在其他的情况下就不需要这么做了。比如说，当尺寸为 0 像素时，0 之后不需要使用 px 单位，因为 0 就是 0，无论单位是什么。

(2)记得写引号

提示：如果值为若干单词，则要给值加引号：

p {font-family: "sans serif";}

(3)多重声明

提示：如果要定义不止一个声明，则需要用分号将每个声明分开。下面的例子展示出如何定义一个红色文字的居中段落。最后一条规则是不需要加分号的，因为分号在英语中是一个分隔符号，不是结束符号。然而，大多数有经验的设计师会在每条声明的末尾都加上分号。这么做的好处是，当你从现有的规则中增减声明时，会尽可能地减少出错的可能性。就像这样：

p {text-align:center; color:red;}

用户应该在每行只描述一个属性，这样可以增强样式定义的可读性，就像这样：

```
p {
  text-align: center;
```

```
    color：black；
    font-family：arial；
}
```

(4)空格和大小写

大多数样式表包含不止一条规则，而大多数规则包含不止一个声明。多重声明和空格的使用使得样式表更容易被编辑：

```
body {
    color：#000；
    background：#fff；
    margin：0；
    padding：0；
    font-family：Georgia，Palatino，serif；
}
```

是否包含空格不会影响 CSS 在浏览器的工作效果，同样，与 XHTML 不同，CSS 对大小写不敏感。不过存在一个例外：如果涉及与 HTML 文档一起工作的话，class 和 id 名称对大小写是敏感的。

1.2.3　CSS 高级语法

(1)选择器的分组

可以对选择器进行分组，这样，被分组的选择器就可以分享相同的声明。用逗号将需要分组的选择器分开。在下面的例子中，我们对所有的标题元素进行了分组。

```
h1,h2,h3,h4,h5,h6 {
    color：green；
}
```

(2)继承及其问题

根据 CSS，子元素从父元素继承属性。但是它并不总是按此方式工作。看看下面这条规则：

```
body {
    font-family：Verdana，sans-serif；
}
```

根据上面这条规则，站点的 body 元素将使用 Verdana 字体(假如访问者的系统中存在该字体的话)。

通过 CSS 继承，子元素将继承最高级元素(在本例中是 body)所拥有的属性(这些子元素诸如 p，td，ul，ol，ul，li，dl，dt 和 dd)。不需要另外的规则，所有 body 的子元素都应该显示 Verdana 字体，子元素的子元素也一样。在大部分的现代浏览器中，也确实是这样的。

但是在那个浏览器大战的血腥年代里，这种情况就未必会发生，那时候对标准的支持并不是企业的优先选择。比方说，Netscape 4 就不支持继承，它不仅忽略继承，而且也忽略应用于 body 元素的规则。IE/Windows 直到 IE6 还存在相关的问题，在表格内的字体样式会被忽略。我们又该如何是好呢？

如果不希望“Verdana，sans-serif”字体被所有的子元素继承，又该怎么做呢？比方说，用户希望段落的字体是 Times。没问题。创建一个针对 p 的特殊规则，这样它就会摆脱父元素的规则：

```
body  {
    font-family: Verdana, sans-serif;
    }
td, ul, ol, ul, li, dl, dt, dd  {
    font-family: Verdana, sans-serif;
    }
p  {
    font-family: Times, "Times New Roman", serif;
    }
```

1.2.4 CSS 派生选择器

依据元素在其位置的上下文关系来定义样式，可以使标记更加简洁。

在 CSS1 中，通过这种方式来应用规则的选择器被称为上下文选择器(contextual selectors)，这是由于它们依赖于上下文关系来应用或者避免某项规则。在 CSS2 中，它们称为派生选择器，但是无论如何称呼，它们的作用都是相同的。

派生选择器允许根据文档的上下文关系来确定某个标签的样式。通过合理地使用派生选择器，可以使 HTML 代码变得更加整洁。

比方说，如希望列表中的 strong 元素变为斜体字，而不是通常的粗体字，可以这样定义一个派生选择器：

```
li strong {
    font-style: italic;
    font-weight: normal;
    }
```

请注意标记为<strong>的代码的上下文关系：

```
<p><strong>我是粗体字，不是斜体字，因为我不在列表当中，所以这个规则对我不起作用</strong></p>
<ol>
<li><strong>我是斜体字。这是因为 strong 元素位于 li 元素内。</strong></li>
<li>我是正常的字体。</li>
</ol>
```

在上面的例子中，只有 li 元素中的 strong 元素的样式为斜体字，无需为 strong 元素定义特别的 class 或 id，代码更加简洁。

再看看下面的 CSS 规则：

```
strong {
    color: red;
    }
```

```
h2 {
    color: red;
    }
h2 strong {
    color: blue;
    }
```

下面是它施加影响的 HTML：

```
<p>The strongly emphasized word in this paragraph is<strong>red</strong>.</p>
<h2>This subhead is also red.</h2>
<h2>The strongly emphasized word in this subhead is<strong>blue</strong>.</h2>
```

1.2.5 CSS id 选择器

id 选择器可以为标有特定 id 的 HTML 元素指定特定的样式。id 选择器以"#"来定义。

下面的两个 id 选择器，第一个定义元素的颜色为红色，第二个定义元素的颜色为绿色：

```
#red {color:red;}
#green {color:green;}
```

下面的 HTML 代码中，id 属性为 red 的 p 元素显示为红色，而 id 属性为 green 的 p 元素显示为绿色。

```
<p id="red">这个段落是红色。</p>
<p id="green">这个段落是绿色。</p>
```

注意：id 属性只能在每个 HTML 文档中出现一次。

(1) id 选择器和派生选择器

在现代布局中，id 选择器常常用于建立派生选择器。

```
#sidebar p {
    font-style: italic;
    text-align: right;
    margin-top: 0.5em;
    }
```

上面的样式只会应用于出现在 id 是 sidebar 的元素内的段落。这个元素很可能是 div 或者是表格单元，尽管它也可能是一个表格或者其他块级元素。它甚至可以是一个内联元素，比如 <em></em> 或者 <span></span>，不过这样的用法是非法的，因为不可以在内联元素<span>中嵌入<p>。

即使被标注为 sidebar 的元素只能在文档中出现一次，这个 id 选择器作为派生选择器也可以被使用很多次：

```
#sidebar p {
    font-style: italic;
    text-align: right;
    margin-top: 0.5em;
    }
```

```
#sidebar h2 {
    font-size: 1em;
    font-weight: normal;
    font-style: italic;
    margin: 0;
    line-height: 1.5;
    text-align: right;
    }
```

在这里,与页面中的其他 p 元素明显不同的是,sidebar 内的 p 元素得到了特殊的处理。同时,与页面中其他所有 h2 元素明显不同的是,sidebar 中的 h2 元素也得到了不同的特殊处理。

(2)单独的选择器

id 选择器即使不被用来创建派生选择器,它也可以独立发挥作用:

```
#sidebar {
    border: 1px dotted #000;
    padding: 10px;
    }
```

根据这条规则,id 为 sidebar 的元素将拥有一个像素宽的黑色点状边框,同时其周围会有 10 个像素宽的内边距(padding,内部空白)。老版本的 Windows/IE 浏览器可能会忽略这条规则,除非特别地定义这个选择器所属的元素:

```
div#sidebar {
    border: 1px dotted #000;
    padding: 10px;
    }
```

1.2.6 CSS 类选择器

在 CSS 中,类选择器以一个点号显示:

```
.center {text-align: center}
```

在上面的例子中,所有拥有 center 类的 HTML 元素均为居中。

在下面的 HTML 代码中,h1 和 p 元素都有 center 类。这意味着两者都将遵守".center"选择器中的规则。

```
<h1 class="center">
This heading will be center-aligned
</h1>
<p class="center">
This paragraph will also be center-aligned.
</p>
```

注意:类名的第一个字符不能使用数字! 它无法在 Mozilla 或 Firefox 中起作用。

和 id 一样,class 也可被用作派生选择器:

```
.fancy td {
    color: #f60;
    background: #666;
    }
```

在上面这个例子中，类名为 fancy 的更大的元素内部的表格单元都会以灰色背景显示橙色文字(名为 fancy 的更大的元素可能是一个表格或者一个 div)。

元素也可以基于它们的类而被选择：

```
td.fancy {
    color: #f60;
    background: #666;
    }
```

在上面的例子中，类名为 fancy 的表格单元将是带有灰色背景的橙色。

<td class="fancy">

可以将类 fancy 分配给任何一个表格元素任意多的次数。那些以 fancy 标注的单元格都会是带有灰色背景的橙色，那些没有被分配名为 fancy 的类的单元格不会受这条规则的影响。还有一点值得注意，class 为 fancy 的段落也不会是带有灰色背景的橙色，当然，任何其他被标注为 fancy 的元素也不会受这条规则的影响。这都是由于书写这条规则的方式，这个效果被限制于被标注为 fancy 的表格单元(即使用 td 元素来选择 fancy 类)。

1.2.7　CSS 属性选择器

CSS 属性选择器对带有指定属性的 HTML 元素设置样式。可以为拥有指定属性的 HTML 元素设置样式，而不仅限于 class 和 id 属性。

注释：Internet Explorer 7 (以及更高版本)在规定了！DOCTYPE 的情况下支持属性选择器。IE6 及更低的版本不支持属性选择器。

(1)属性选择器

下面的例子为带有 title 属性的所有元素设置样式：

```
[title]
{
color:red;
}
```

(2)属性和值选择器

下面的例子为 title=" Hello world " 的所有元素设置样式：

```
[title=Hello world]
{
border:5px solid blue;
}
```

(3)属性和值选择器——多个值

下面的例子为包含指定值的 title 属性的所有元素设置样式，适用于由空格分隔的属性值：

```
[title~=hello] { color:red; }
```

下面的例子为带有包含指定值的 lang 属性的所有元素设置样式，适用于由连字符分隔的属性值：

```
[lang|=en] { color:red; }
```

(4)设置表单的样式

属性选择器在为不带有 class 或 id 的表单设置样式时特别有用：

```
input[type="text"]
{
  width:150px;
  display:block;
  margin-bottom:10px;
  background-color:yellow;
  font-family: Verdana, Arial;
}
input[type="button"]
{
  width:120px;
  margin-left:35px;
  display:block;
  font-family: Verdana, Arial;
}
```

1.2.8 创建 CSS

当读到一个样式表时，浏览器会根据它来格式化 HTML 文档。插入样式表的方法有三种：

(1)外部样式表

当样式需要应用于很多页面时，外部样式表将是理想的选择。在使用外部样式表的情况下，可以通过改变一个文件来改变整个站点的外观。每个页面使用<link>标签链接到样式表。<link>标签在(文档的)头部：

```
<head>
<link rel="stylesheet" type="text/css" href="mystyle.css" />
</head>
```

浏览器会从文件 mystyle.css 中读到样式声明，并根据它来格式文档。

外部样式表可以在任何文本编辑器中进行编辑。文件不能包含任何的 html 标签。样式表应该以 .css 扩展名进行保存。下面是一个样式表文件的例子：

```
hr {color: sienna;}
p {margin-left: 20px;}
body {background-image: url("images/back40.gif");}
```

不要在属性值与单位之间留有空格。假如使用“margin-left: 20px”而不是“margin-left:

20px”，它仅在 IE6 中有效，但是在 Mozilla/Firefox 或 Netscape 中却无法正常工作。

(2)内部样式表

当单个文档需要特殊的样式时，就应该使用内部样式表。可以使用 <style> 标签在文档头部定义内部样式表，就像这样：

```
<head>
<style type = "text/css" >
  hr {color: sienna;}
  p {margin-left: 20px;}
  body {background-image: url("images/back40.gif");}
</style>
</head>
```

(3)内联样式

由于要将表现和内容混杂在一起，内联样式会损失掉样式表的许多优势。请慎用这种方法，例如当样式仅需要在一个元素上应用一次时。

要使用内联样式，需要在相关的标签内使用样式(style)属性。Style 属性可以包含任何 CSS 属性。下面展示如何改变段落的颜色和左外边距：

```
<p style = "color: sienna; margin-left: 20px" >
This is a paragraph
</p>
```

如果某些属性在不同的样式表中被同样的选择器定义，那么属性值将从更具体的样式表中被继承过来。

例如，外部样式表拥有针对 h3 选择器的 3 个属性：

```
h3 {
  color: red;
  text-align: left;
  font-size: 8pt;
  }
```

而内部样式表拥有针对 h3 选择器的两个属性：

```
h3 {
  text-align: right;
  font-size: 20pt;
  }
```

假如拥有内部样式表的这个页面同时与外部样式表链接，那么 h3 得到的样式是：

```
color: red;
text-align: right;
font-size: 20pt;
```

即颜色属性将被继承于外部样式表，而文字排列(text-alignment)和字体尺寸(font-size)会被内部样式表中的规则取代。

1.2.9 CSS 样式

1.2.9.1 CSS 背景

CSS 允许应用纯色作为背景，也允许使用背景图像创建相当复杂的效果。CSS 在这方面的能力远在 HTML 之上。

(1)背景色

可以使用 background-color 属性为元素设置背景色。这个属性接受任何合法的颜色值。

这条规则把元素的背景设置为灰色：

```
p {background-color: gray;}
```

如果希望背景色从元素中的文本向外稍有延伸，只需增加一些内边距：

```
p {background-color: gray; padding: 20px;}
```

例 1　输入如下代码：

```
<html>
<head>
<style type="text/css">
body {background-color: yellow}
h1 {background-color: #00ff00}
h2 {background-color: transparent}
p {background-color: rgb(250,0,255)}
p.no2 {background-color: gray; padding: 20px;}
</style>
</head>
<body>
<h1>这是标题 1</h1>
<h2>这是标题 2</h2>
<p>这是段落</p>
<p class="no2">这个段落设置了内边距。</p>
</body>
</html>
```

执行效果如图 1.2.3 所示。

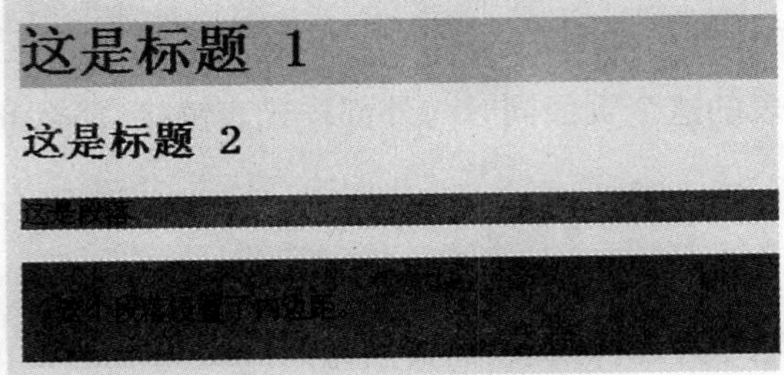

图 1.2.3　背景色设置效果

可以为所有元素设置背景色，这包括 body 一直到 em 和 a 等行内元素。

background-color 不能继承，其默认值是 transparent。transparent 有"透明"之意。也就是说，如果一个元素没有指定背景色，那么背景就是透明的，这样其祖先元素的背景才能可见。

(2)背景图像

要把图像放入背景，需要使用 background-image 属性。background-image 属性的默认值是 none，表示背景上没有放置任何图像。

如果需要设置一个背景图像，必须为这个属性设置一个 URL 值：

```
body {background-image: url(/i/eg_bg_04.gif);}
```

大多数背景都应用到 body 元素，不过并不仅限于此。

下面例子为一个段落应用了一个背景，而不会对文档的其他部分应用背景：

```
p.flower {background-image: url(/i/eg_bg_03.gif);}
```

可以为行内元素设置背景图像，下面的例子为一个链接设置了背景图像：

```
a.radio {background-image: url(/i/eg_bg_07.gif);}
```

例2　输入如下代码：

```
<html>
<head>
<style type="text/css">
body {background-image:url(/i/eg_bg_04.gif);}
p.flower {background-image: url(/i/eg_bg_03.gif); padding: 20px;}
a.radio {background-image: url(/i/eg_bg_07.gif);   padding: 20px;}
</style>
</head>
<body>
<p class="flower">我是一个有花纹背景的段落。<a href="#" class="radio">我是一个有放射性背景的链接。</a></p>
<p><b>注释:</b>为了清晰地显示出段落和链接的背景图像,我们为它们设置了少许内边距。</p>
</body>
</html>
```

执行效果如图 1.2.4 所示。

图 1.2.4　背景图片设置效果图

理论上讲，甚至可以向 textareas 和 select 等替换元素的背景应用图像，不过并不是所有用户代理都能很好地处理这种情况。

另外还要补充一点，background-image 也不能继承。事实上，所有背景属性都不能继承。

(3)背景重复

如果需要在页面上对背景图像进行平铺,可以使用 background-repeat 属性。

属性值 repeat 导致图像在水平和垂直方向上都平铺,就像以往背景图像的通常做法一样。repeat-x 和 repeat-y 分别导致图像只在水平或垂直方向上重复,no-repeat 则不允许图像在任何方向上平铺。

默认地,背景图像将从一个元素的左上角开始。请看下面的例子:

```
body
  {
  background-image: url(/i/eg_bg_03.gif);
  background-repeat: repeat-y;
  }
```

(4)背景定位

可以利用 background-position 属性改变图像在背景中的位置。

下面的例子在 body 元素中将一个背景图像居中放置:

```
body
  {
    background-image:url('/i/eg_bg_03.gif');
    background-repeat:no-repeat;
    background-position:center;
  }
```

为 background-position 属性提供值有很多方法。首先,可以使用一些关键字:top、bottom、left、right 和 center。通常,这些关键字会成对出现,不过也不总是这样。还可以使用长度值,如 100 px 或 5 cm,最后也可以使用百分数值。不同类型的值对于背景图像的放置稍有差异。

1)关键字

图像放置关键字最容易理解,其作用如其名称所表明的。例如,top right 使图像放置在元素内边距区的右上角。

根据规范,位置关键字可以按任何顺序出现,只要保证不超过两个关键字——一个对应水平方向,另一个对应垂直方向。

如果只出现一个关键字,则认为另一个关键字是 center。

如果希望每个段落的中部上方出现一个图像,只需声明如下:

```
p
  {
    background-image:url('bgimg.gif');
    background-repeat:no-repeat;
    background-position:top;
  }
```

表 1.2.1　等价的位置关键字

单一关键字	等价的关键字
center	center center
top	top center 或 center top
bottom	bottom center 或 center bottom
right	right center 或 center right
left	left center 或 center left

2）百分数值

百分数值的表现方式更为复杂。假设希望用百分数值将图像在其元素中居中，这很容易：

```
body
  {
    background-image:url('/i/eg_bg_03.gif');
    background-repeat:no-repeat;
    background-position:50% 50%;
  }
```

这会导致图像适当放置，其中心与其元素的中心对齐。换句话说，百分数值同时应用于元素和图像。也就是说，图像中描述为 50%、50%的点（中心点）与元素中描述为 50%、50%的点（中心点）对齐。

如果图像位于 0%、0%，其左上角将放在元素内边距区的左上角。如果图像位置是 100%、100%，会使图像的右下角放在右边距的右下角。

因此，如果想把一个图像放在水平方向 2/3、垂直方向 1/3 处，可以这样声明：

```
body
  {
    background-image:url('/i/eg_bg_03.gif');
    background-repeat:no-repeat;
    background-position:66% 33%;
  }
```

如果只提供一个百分数值，所提供的这个值将用作水平值，垂直值将假设为 50%。这一点与关键字类似。

background-position 的默认值是 0%、0%，在功能上相当于 top left。这就解释了背景图像为什么总是从元素内边距区的左上角开始平铺，除非设置了不同的位置值。

3）长度值

长度值解释的是元素内边距区左上角的偏移。偏移点是图像的左上角。

比如，如果设置值为 50 px、100 px，图像的左上角将在元素内边距区左上角向右 50 像素、向下 100 像素的位置上：

```
body
   {
      background-image:url('/i/eg_bg_03.gif');
      background-repeat:no-repeat;
      background-position:50px 100px;
   }
```

注意,这一点与百分数值不同,因为偏移只是从一个左上角到另一个左上角。也就是说,图像的左上角与 background-position 声明中指定的点对齐。

(5)背景关联

如果文档比较长,那么当文档向下滚动时,背景图像也会随之滚动。当文档滚动到超过图像的位置时,图像就会消失。

可以通过 background-attachment 属性防止这种滚动。通过这个属性,可以声明图像相对于可视区是固定的(fixed),因此不会受到滚动的影响:

```
body
   {
   background-image:url(/i/eg_bg_02.gif);
   background-repeat:no-repeat;
   background-attachment:fixed
   }
```

background-attachment 属性的默认值是 scroll,也就是说,在默认的情况下,背景会随文档滚动。

(6)CSS 背景属性

表 1.2.2　CSS 背景属性

属　性	描　述
background	简写属性,作用是将背景属性设置在一个声明中
background-attachment	背景图像是否固定或者随着页面的其余部分滚动
background-color	设置元素的背景颜色
background-image	把图像设置为背景
background-position	设置背景图像的起始位置
background-repeat	设置背景图像是否及如何重复

1.2.9.2　CSS 文本

CSS 文本属性可定义文本的外观。

通过文本属性,可以改变文本的颜色、字符间距,对齐文本,装饰文本,对文本进行缩进,等等。

(1)缩进文本

把 Web 页面上的段落的第一行缩进,这是一种最常用的文本格式化效果。

CSS 提供了 text-indent 属性,该属性可以方便地实现文本缩进。

通过使用 text-indent 属性,所有元素的第一行都可以缩进一个给定的长度,该长度甚至可以是负值。

这个属性最常见的用途是将段落的首行缩进,下面的规则会使所有段落的首行缩进 5 em:

```
p {text-indent: 5em;}
```

注意:一般来说,可以为所有块级元素应用 text-indent,但无法将该属性应用于行内元素,图像之类的替换元素上也无法应用 text-indent 属性。不过,如果一个块级元素(比如段落)的首行中有一个图像,它会随该行的其余文本移动。

提示:如果想把一个行内元素的第一行缩进,可以用左内边距或外边距创造这种效果。

1)使用负值

text-indent 还可以设置为负值。利用这种技术,可以实现很多有趣的效果,比如"悬挂缩进",即第一行悬挂在元素中余下部分的左边:

```
p {text-indent: -5em;}
```

不过,在为 text-indent 设置负值时要当心,如果对一个段落设置了负值,那么首行的某些文本可能会超出浏览器窗口的左边界。为了避免出现这种显示问题,建议针对负缩进再设置一个外边距或一些内边距:

```
p {text-indent: -5em; padding-left: 5em;}
```

2)使用百分比值

text-indent 可以使用所有长度单位,包括百分比值。

百分数要相对于缩进元素父元素的宽度。换句话说,如果将缩进值设置为 20%,所影响元素的第一行会缩进其父元素宽度的 20%。

在下例中,缩进值是父元素的 20%,即 100 个像素:

```
div {width: 500px;}
p {text-indent: 20%;}
<div>
<p>this is a paragragh</p>
</div>
```

3)继承

text-indent 属性可以继承,请考虑如下标记:

```
div#outer {width: 500px;}
div#inner {text-indent: 10%;}
p {width: 200px;}
<div id="outer">
<div id="inner">some text. some text. some text.
<p>this is a paragragh.</p>
</div>
</div>
```

以上标记中的段落也会缩进 50 像素,这是因为这个段落继承了 id 为 inner 的 div 元素的缩进值。

(2)水平对齐

text-align 是一个基本的属性,它会影响一个元素中的文本行互相之间的对齐方式。它的前 3 个值相当直接,不过第 4 个和第 5 个则略有些复杂。

值 left、right 和 center 会导致元素中的文本分别左对齐、右对齐和居中。

西方语言都是从左向右读,所有 text-align 的默认值是 left。文本在左边界对齐,右边界呈锯齿状(称为"从左到右"文本)。对于希伯来语和阿拉伯语之类的的语言,text-align 则默认为 right,因为这些语言从右向左读。不出所料,center 会使每个文本行在元素中居中。

提示:将块级元素或表元素居中,要通过在这些元素上适当地设置左、右外边距来实现。

1)text-align:center 与 <CENTER>

您可能会认为 text-align:center 与 <CENTER> 元素的作用一样,但实际上二者大不相同。<CENTER> 不仅影响文本,还会把整个元素居中。text-align 不会控制元素的对齐,而只影响内部内容。元素本身不会从一段移到另一端,只是其中的文本受影响。

2)justify

最后一个水平对齐属性是 justify。

在两端对齐文本中,文本行的左右两端都放在父元素的内边界上。然后,调整单词和字母间的间隔,使各行的长度恰好相等。您也许已经注意到了,两端对齐文本在打印领域很常见。

需要注意的是,要由用户代理(而不是 CSS)来确定两端对齐文本如何拉伸,以填满父元素左右边界之间的空间。

(3)字间隔

word-spacing 属性可以改变字(单词)之间的标准间隔。其默认值 normal 与设置值为 0 是一样的。

word-spacing 属性接受一个正长度值或负长度值。如果提供一个正长度值,那么字之间的间隔就会增加;为 word-spacing 设置一个负值,会把它拉近:

```
p.spread {word-spacing: 30px;}
p.tight {word-spacing: -0.5em;}
<p class="spread">
This is a paragraph. The spaces between words will be increased.
</p>
<p class="tight">
This is a paragraph. The spaces between words will be decreased.
</p>
```

(4)字母间隔

letter-spacing 属性与 word-spacing 的区别在于:字母间隔修改的是字符或字母之间的间隔。

与 word-spacing 属性一样,letter-spacing 属性的可取值包括所有长度。默认关键字是 normal(这与 letter-spacing:0 相同)。输入的长度值会使字母之间的间隔增加或减少指定的量:

```
h1 {letter-spacing: -0.5em}
h4 {letter-spacing: 20px}

<h1>This is header 1</h1>
<h4>This is header 4</h4>
```

(5)字符转换

text-transform属性处理文本的大小写。这个属性有4个值：

- None
- Uppercase
- Lowercase
- capitalize

默认值none对文本不作任何改动，将使用源文档中的原有大小写。顾名思义，uppercase和lowercase将文本转换为全大写和全小写字符。最后，capitalize只对每个单词的首字母大写。

作为一个属性，text-transform可能无关紧要，不过如果用户突然决定把所有h1元素变为大写，这个属性就很有用。不必单独地修改所有h1元素的内容，只需使用text-transform完成这个修改：

```
h1 {text-transform: uppercase}
```

使用text-transform有两方面的好处。首先，只需写一个简单的规则来完成这个修改，而无需修改h1元素本身。其次，如果以后决定将所有大小写再切换为原来的大小写，可以更容易地完成修改。

(6)文本装饰

接下来讨论text-decoration属性，这是一个很有意思的属性，它提供了很多非常有趣的行为。

text-decoration有5个值：

- none
- underline
- overline
- line-through
- blink

不出所料，underline会对元素加下划线，就像HTML中的U元素一样。overline的作用恰好相反，会在文本的顶端画一个上划线。line-through则在文本中间画一个贯穿线，等价于HTML中的S和strike元素。blink会让文本闪烁，类似于Netscape支持的颇招非议的blink标记。

none值会关闭原本应用到一个元素上的所有装饰。通常，无装饰的文本是默认外观，但也不总是这样。例如，链接默认会有下划线。如果希望去掉超链接的下划线，可以使用以下CSS来做到这一点：

```
a {text-decoration: none;}
```

注意：如果显式地用这样一个规则去掉链接的下划线，那么它与正常文本在视觉上的唯一差别就是颜色(至少默认是这样的,不过也不能完全保证其颜色肯定有区别)。

还可以在一个规则中结合多种装饰。如果希望所有超链接既有下划线,又有上划线,则规则如下:

a:link a:visited {text-decoration: underline overline;}

值得注意的是:如果两个不同的装饰都与同一元素匹配,胜出规则的值会完全取代另一个值。请考虑以下的规则:

h2.stricken {text-decoration: line-through;}

h2 {text-decoration: underline overline;}

对于给定的规则,所有 class 为 stricken 的 h2 元素都只有一个贯穿线装饰,而没有下划线和上划线,因为 text-decoration 值会替换而不是累积起来。

1)处理空白符

white-space 属性会影响到用户代理对源文档中的空格、换行和 tab 字符的处理。

通过使用该属性,可以影响浏览器处理字之间和文本行之间的空白符的方式。从某种程度上讲,默认的 XHTML 处理已经完成了空白符处理,它会把所有空白符合并为一个空格。所以给定以下标记,它在 Web 浏览器中显示时,各个字之间只会显示一个空格,同时忽略元素中的换行:

```
<p>This        paragraph has       many
    spaces              in it.</p>
```

可以用以下声明显式地设置这种默认行为:

p {white-space: normal;}

上面的规则告诉浏览器按照平常的做法去处理,丢掉多余的空白符。如果给定这个值,换行字符(回车)会转换为空格,一行中多个空格的序列也会转换为一个空格。

2)值 pre

如果将 white-space 设置为 pre,受这个属性影响的元素中,空白符的处理就有所不同,其行为就像 XHTML 的 pre 元素一样,空白符不会被忽略。

如果 white-space 属性的值为 pre,浏览器将会注意额外的空格,甚至回车。在这个方面,而且仅在这个方面,任何元素都可以相当于一个 pre 元素。

注意:经测试,IE 7 以及更早版本的浏览器不支持该值,因此请使用非 IE 的浏览器来查看上面的实例。

3)值 nowrap

与 pre 相对的值是 nowrap,它会防止元素中的文本换行,除非使用了一个 br 元素。在 CSS 中使用 nowrap 非常类似于 HTML 4 中用 <td nowrap> 将一个表单元格设置为不能换行,不过 white-space 值可以应用到任何元素。

试一试:同学们运行如下代码,看看结果如何。

```
<html>
<head>
<style type="text/css">
p
{
```

```
white-space: nowrap
}
</style>
</head>
<body>
<p>
这是一些文本。
这是一些文本。
这是一些文本。
这是一些文本。
这是一些文本。
这是一些文本。
这是一些文本。
这是一些文本。
这是一些文本。
这是一些文本。
这是一些文本。
这是一些文本。
</p>
</body>
</html>
```

4)值 pre-wrap 和 pre-line

CSS2.1 引入了值 pre-wrap 和 pre-line,这在以前版本的 CSS 中是没有的。这些值的作用是允许创作人员更好地控制空白符处理。

如果元素的 white-space 设置为 pre-wrap,那么该元素中的文本会保留空白符序列,但是文本行会正常地换行。如果设置为这个值,源文本中的行分隔符以及生成的行分隔符也会保留。pre-line 与 pre-wrap 相反,会像正常文本中一样合并空白符序列,但保留换行符。

表 1.2.3　white-space 属性的行为

值	空白符	换行符	自动换行
pre-line	合并	保留	允许
normal	合并	忽略	允许
nowrap	合并	忽略	不允许
pre	保留	保留	不允许
pre-wrap	保留	保留	允许

(7)文本方向

如果您阅读的是英文书籍,就会从左到右、从上到下地阅读,这就是英文的流方向。不过,并不是所有语言都如此。我们知道古汉语就是从右到左来阅读的,当然还包括希伯来语和阿拉伯语等。CSS2 引入了一个属性来描述其方向性。

direction 属性影响块级元素中文本的书写方向、表中列布局的方向、内容水平填充其元素框的方向以及两端对齐元素中最后一行的为止。

注释:对于行内元素,只有当 unicode-bidi 属性设置为 embed 或 bidi-override 时才会应用 direction 属性。

direction 属性有两个值:ltr 和 rtl。大多数情况下,默认值是 ltr,显示从左到右的文本。如果显示从右到左的文本,应使用值 rtl。

【CSS 文本实例】

例 1.2.1　设置文本颜色。

```
<html>
<head>
<style type="text/css">
body {color:red}
h1 {color:#00ff00}
p.ex {color:rgb(0,0,255)}
</style>
</head>
<body>
<h1>这是 heading 1</h1>
<p>这是一段普通的段落。请注意,该段落的文本是红色的。在body选择器中定义了本页面中的默认文本颜色。</p>
<p class="ex">该段落定义了 class="ex"。该段落中的文本是蓝色的。</p>
</body>
</html>
```

执行效果如图 1.2.5 所示。

这是 heading 1

这是一段普通的段落。请注意，该段落的文本是红色的。在 body 选择器中定义了本页面中的默认文本颜色。

该段落定义了 class="ex"。该段落中的文本是蓝色的。

图 1.2.5　设置文本颜色

例 1.2.2　如何设置部分文本的背景颜色。

```
<html>
<head>
<style type="text/css">
span.highlight
{
background-color:yellow
}
</style>
```

```
</head>
<body>
<p>
<span class="highlight">这是文本。</span>这是文本。这是文本。这是文本。这是文本。这是文本。这是文本。这是文本。这是文本。这是文本。这是文本。这是文本。这是文本。这是文本。这是文本。这是文本。<span class="highlight">这是文本。</span>
</p>
</body>
</html>
```

执行效果如图 1.2.6 所示。

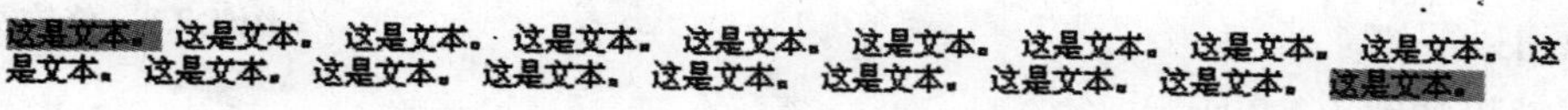

这是文本。这是文本。这是文本。这是文本。这是文本。这是文本。这是文本。这是文本。这是文本。这是文本。这是文本。这是文本。这是文本。这是文本。这是文本。这是文本。这是文本。这是文本。

图 1.2.6　设置文本背景颜色

例 1.2.3　如何增加或减少字符间距。

```
<html>
<head>
<style type="text/css">
h1 {letter-spacing: -0.5em}
h4 {letter-spacing: 20px}
</style>
</head>
<body>
<h1>This is header 1</h1>
<h4>This is header 4</h4>
</body>
</html>
```

执行效果如图 1.2.7 所示。

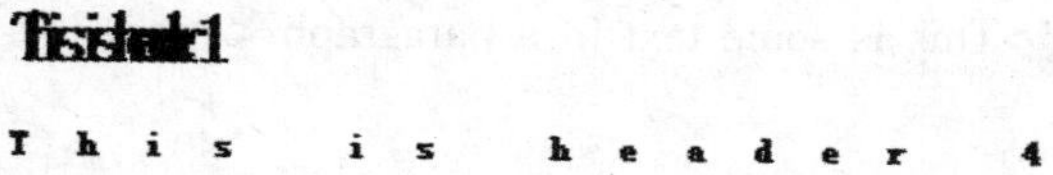

Thisisheader1

T h i s i s h e a d e r 4

图 1.2.7　设置字符间距

例 1.2.4　修饰文本。

```
<html>
<head>
<style type="text/css">
h1 {text-decoration: overline}
h2 {text-decoration: line-through}
h3 {text-decoration: underline}
h4 {text-decoration: blink}
```

```
a {text-decoration: none}
</style>
</head>
<body>
<h1>这是标题 1</h1>
<h2>这是标题 2</h2>
<h3>这是标题 3</h3>
<h4>这是标题 4</h4>
<p><a href="#">这是一个链接</a></p>
</body>
</html>
```

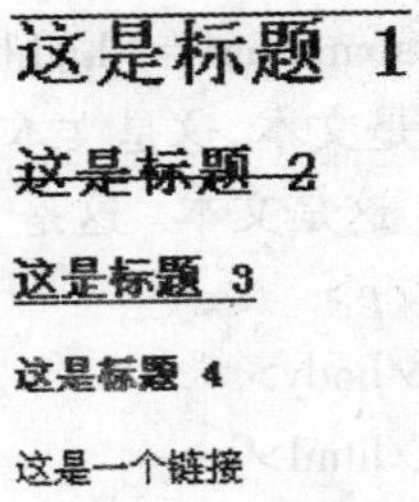

这是标题 1

这是标题 2

这是标题 3

这是标题 4

这是一个链接

图 1.2.8　修饰文本

执行效果如图 1.2.8 所示。

试一试:运行如下代码,看看结果如何。

①控制文本中的字母。

```
<html>
<head>
<style type="text/css">
  h1 {text-transform: uppercase}
  p.uppercase {text-transform: uppercase}
  p.lowercase {text-transform: lowercase}
  p.capitalize {text-transform: capitalize}
</style>
</head>
<body>
<h1>This Is An H1 Element</h1>
<p class="uppercase">This is some text in a paragraph.</p>
<p class="lowercase">This is some text in a paragraph.</p>
<p class="capitalize">This is some text in a paragraph.</p>
</body>
</html>
```

②增加单词间距。

```
<html>
<head>
<style type="text/css">
p.spread {word-spacing: 30px;}
p.tight {word-spacing: -0.5em;}
</style>
</head>
<body>
```

```
<p class="spread">This is some text. This is some text.</p>
<p class="tight">This is some text. This is some text.</p>
</body>
</html>
```

表 1.2.4　CSS 文本属性

属　性	描　述
color	设置文本颜色
direction	设置文本方向
line-height	设置行高
letter-spacing	设置字符间距
text-align	对齐元素中的文本
text-decoration	向文本添加修饰
text-indent	缩进元素中文本的首行
text-shadow	设置文本阴影。CSS2 包含该属性，但是 CSS2.1 没有保留该属性
text-transform	控制元素中的字母
unicode-bidi	设置文本方向
white-space	设置元素中空白的处理方式
word-spacing	设置字间距

1.2.9.3　CSS 字体

CSS 字体属性定义文本的字体系列、大小、加粗、风格（如斜体）和变形（如小型大写字母）。

(1) CSS 字体系列

在 CSS 中，有两种不同类型的字体系列名称：

- 通用字体系列——拥有相似外观的字体系统组合（比如“Serif”或“Monospace”）；
- 特定字体系列——具体的字体系列（比如“Times”或“Courier”）。

除了各种特定的字体系列外，CSS 定义了 5 种通用字体系列：

- Serif 字体。这些字体成比例，而且有上下短线。如果字体中的所有字符根据其不同大小有不同的宽度，则称该字符是成比例的。例如，小写 i 和小写 m 的宽度就不同。上下短线是每个字符笔划末端的装饰，比如小写 l 顶部和底部的短线，或大写 A 两条腿底部的短线。Serif 字体的例子包括 Times、Georgia 和 New Century Schoolbook。
- Sans-serif 字体。这些字体是成比例的，而且没有上下短线。Sans-serif 字体的例子包括 Helvetica、Geneva、Verdana、Arial 或 Univers。
- Monospace 字体。Monospace 字体并不是成比例的。它们通常用于模拟打字机打出的文本、老式点阵打印机的输出，甚至更老式的视频显示终端。采用这些字体，每个字符的宽度都必须完全相同，所以小写的 i 和小写的 m 有相同的宽度。这些字体可能有上下短线，也可能没有。如果一个字体的字符宽度完全相同,则归类为 Monospace 字体,而不论是否有上下短线。Monospace 字体的例子包括 Courier、Courier New 和 Andale Mono。

• Cursive 字体。这些字体试图模仿人的手写体。通常,它们主要由曲线和 Serif 字体中没有的笔划装饰组成。例如,大写 A 在其左腿底部可能有一个小弯,或者完全由花体部分和小的弯曲部分组成。Cursive 字体的例子包括 Zapf Chancery、Author 和 Comic Sans。

• Fantasy 字体。这些字体无法用任何特征来定义,只有一点是确定的,那就是我们无法很容易地将其规划到任何一种其他的字体系列当中。这样的字体包括 Western、Woodblock 和 Klingon。

1)使用通用字体系列

如果希望文档使用一种 sans-serif 字体,但是用户并不关心是哪一种字体,以下就是一个合适的声明:

```
body {font-family: sans-serif;}
```

这样用户代理就会从 sans-serif 字体系列中选择一个字体(如 Helvetica),并将其应用到 body 元素。因为有继承,这种字体选择还将应用到 body 元素中包含的所有元素,除非有一种更特定的选择器将其覆盖。

2)指定字体系列

除了使用通用的字体系列,用户还可以通过 font-family 属性设置更具体的字体。

下面的例子为所有 h1 元素设置了 Georgia 字体:

```
h1 {font-family: Georgia;}
```

这样的规则同时会产生另外一个问题,如果用户代理上没有安装 Georgia 字体,就只能使用用户代理的默认字体来显示 h1 元素。

可以通过结合特定字体名和通用字体系列来解决这个问题:

```
h1 {font-family: Georgia,serif;}
```

如果读者没有安装 Georgia,但安装了 Times 字体(serif 字体系列中的一种字体),用户代理就可能对 h1 元素使用 Times。尽管 Times 与 Georgia 并不完全匹配,但至少足够接近。

因此,我们建议在所有 font-family 规则中都提供一个通用字体系列。这样就提供了一条后路,在用户代理无法提供与规则匹配的特定字体时,可以选择一个候选字体。

如果您对字体非常熟悉,也可以为给定的元素指定一系列类似的字体。要做到这一点,需要把这些字体按照优先顺序排列,然后用逗号进行连接:

```
p {font-family: Times, TimesNR, 'New Century Schoolbook',
    Georgia, 'New York', serif;}
```

根据这个列表,用户代理会按所列的顺序查找这些字体。如果列出的所有字体都不可用,就会简单地选择一种可用的 serif 字体。

(2)使用引号

您也许已经注意到了,上面的例子中使用了单引号。只有当字体名中有一个或多个空格(比如 New York),或者如果字体名包括 # 或 $ 之类的符号,才需要在 font-family 声明中加引号。

单引号或双引号都可以接受。但是,如果把一个 font-family 属性放在 HTML 的 style 属性中,则需要使用该属性本身未使用的那种引号:

```
<p style="font-family: Times, TimesNR, 'New Century Schoolbook', Georgia,
'New York', serif;">...</p>
```

试一试:运行如下代码,看看结果如何。

```
<html>
<head>
<style type="text/css">
h1 {font-family:Georgia, serif;}
</style>
</head>
<body>
<h1>This is heading 1</h1>
<p style="font-family: Times, TimesNR, 'New Century Schoolbook', Georgia,
'New York', serif;">This is a paragraph.</p>
</body>
</html>
```

(3)字体风格

font-style 属性最常用于规定斜体文本。

该属性有 3 个值:

- normal——文本正常显示;
- italic——文本斜体显示;
- oblique——文本倾斜显示。

实例:

```
p.normal {font-style:normal;}
p.italic {font-style:italic;}
p.oblique {font-style:oblique;}
```

运行如下代码:

```
<html>
<head>
<style type="text/css">
p.normal {font-style:normal}
p.italic {font-style:italic}
p.oblique {font-style:oblique}
</style>
</head>
<body>
<p class="normal">This is a paragraph, normal.</p>
<p class="italic">This is a paragraph, italic.</p>
<p class="oblique">This is a paragraph, oblique.</p>
</body>
```

```
</html>
```

执行结果如图 1.2.9 所示。

This is a paragraph, normal.

This is a paragraph, italic.

This is a paragraph, oblique.

图 1.2.9　设置文本样式

font-style 非常简单，用于在 normal 文本、italic 文本和 oblique 文本之间选择。唯一有点复杂的是明确 italic 文本和 oblique 文本之间的差别。

斜体（italic）是一种简单的字体风格，对每个字母的结构有一些小改动来反映变化的外观。与此不同，倾斜（oblique）文本则是正常竖直文本的一个倾斜版本。

通常情况下，italic 和 oblique 文本在 Web 浏览器中看上去完全一样。

（4）字体加粗

font-weight 属性设置文本的粗细。

使用 bold 关键字可以将文本设置为粗体。

关键字 100～900 为字体指定了 9 级加粗度。如果一个字体内置了这些加粗级别，那么这些数字就直接映射到预定义的级别，100 对应最细的字体变形，900 对应最粗的字体变形。数字 400 等价于 normal，而 700 等价于 bold。

如果将元素的加粗设置为 bolder，浏览器会设置比所继承值更粗的一个字体加粗。与此相反，关键词 lighter 会导致浏览器将加粗度下移而不是上移。

实例：

```
p.normal {font-weight:normal;}
p.thick {font-weight:bold;}
p.thicker {font-weight:900;}
```

运行如下代码：

```
<html>
<head>
<style type="text/css">
p.normal {font-weight: normal}
p.thick {font-weight: bold}
p.thicker {font-weight: 900}
</style>
</head>
<body>
<p class="normal">This is a paragraph</p>
<p class="thick">This is a paragraph</p>
<p class="thicker">This is a paragraph</p>
</body>
</html>
```

This is a paragraph

This is a paragraph

This is a paragraph

图 1.2.10　字体加粗

执行结果如图 1.2.10 所示。

（5）字体大小

font-size 属性设置文本的大小。

管理文本的大小在 Web 设计领域很重要。但是，您不应当通过调整文本大小使段落看上去像标题，或者使标题看上去像段落。

请始终使用正确的 HTML 标题，比如使用 <h1> - <h6> 来标记标题，使用 <p> 来标记段落。

font-size 值可以是绝对或相对值。

绝对值：

- 将文本设置为指定的大小；
- 不允许用户在所有浏览器中改变文本大小（不利于可用性）；
- 绝对大小在确定了输出的物理尺寸时很有用。

相对大小：

- 相对于周围的元素来设置大小；
- 允许用户在浏览器改变文本大小。

注意：如果没有规定字体大小，普通文本（比如段落）的默认大小是 16 像素（16 px=1 em）。

1）使用像素来设置字体大小

通过像素设置文本大小，可以对文本大小进行完全控制。

实例：

```
h1 {font-size:60px;}
h2 {font-size:40px;}
p {font-size:14px;}
```

2）使用 em 来设置字体大小

如果要避免在 Internet Explorer 中无法调整文本的问题，许多开发者使用 em 单位代替 pixels。

W3C 推荐使用 em 尺寸单位。

1 em 等于当前的字体尺寸。如果一个元素的 font-size 为 16 像素，那么对于该元素，1 em 就等于 16 像素。在设置字体大小时，em 的值会相对于父元素的字体大小改变。

浏览器中默认的文本大小是 16 像素。因此 1em 的默认尺寸是 16 像素。

可以使用下面这个公式将像素转换为 em：pixels/16=em。

（注：16 等于父元素的默认字体大小，假设父元素的 font-size 为 20 px，那么公式需改为：pixels/20=em）

实例：

```
h1 {font-size:3.75em;} /* 60px/16=3.75em */
h2 {font-size:2.5em;}  /* 40px/16=2.5em */
p {font-size:0.875em;} /* 14px/16=0.875em */
```

在上面的例子中，以 em 为单位的文本大小与前一个例子中以像素计的文本是相同的。不过，如果使用 em 单位，则可以在所有浏览器中调整文本大小。

不幸的是，IE 中仍存在问题：在重设文本大小时，会比正常的尺寸更大或更小。

3）结合使用百分比和 em

在所有浏览器中均有效的方案是为 body 元素（父元素）以百分比设置默认的 font-size 值。

实例：

```
body {font-size:100%;}
h1 {font-size:3.75em;}
h2 {font-size:2.5em;}
p {font-size:0.875em;}
```

【CSS 字体实例】

例 1.2.5　设置文本的字体。

```
<html>
<head>
<style type="text/css">
p.serif{font-family:"Times New Roman",Georgia,Serif}
p.sansserif{font-family:Arial,Verdana,Sans-serif}
</style>
</head>
<body>
<h1>CSS font-family</h1>
<p class="serif">This is a paragraph, shown in the Times New Roman font.</p>
<p class="sansserif">This is a paragraph, shown in the Arial font.</p>
</body>
</html>
```

执行结果如图 1.2.11 所示。

CSS font-family

This is a paragraph, shown in the Times New Roman font.

This is a paragraph, shown in the Arial font.

图 1.2.11　设置文本字体

例 1.2.6　设置字体尺寸。

```
<html>
<head>
<style type="text/css">
h1 {font-size: 300%}
h2 {font-size: 200%}
p {font-size: 100%}
</style>
</head>
<body>
<h1>This is header 1</h1>
<h2>This is header 2</h2>
```

```
<p>This is a paragraph</p>
</body>
</html>
```

执行结果如图 1.2.12 所示。

This is header 1

This is header 2

This is a paragraph

图 1.2.12　设置字体尺寸

表 1.2.5　CSS 字体属性

属　性	描　述
font	简写属性。作用是把所有针对字体的属性设置在一个声明中
font-family	设置字体系列
font-size	设置字体的尺寸
font-size-adjust	当首选字体不可用时，对替换字体进行智能缩放。（CSS2.1 已删除该属性。）
font-stretch	对字体进行水平拉伸。（CSS2.1 已删除该属性。）
font-style	设置字体风格
font-variant	以小型大写字体或者正常字体显示文本
font-weight	设置字体的粗细

1.2.9.4　CSS 列表

CSS 列表属性允许放置、改变列表项标志，或者将图像作为列表项标志。

从某种意义上讲，不是描述性的文本的任何内容都可以认为是列表。人口普查、太阳系、家谱、参观菜单，甚至你的所有朋友都可以表示为一个列表或者是列表的列表。

由于列表如此多样，这使得列表相当重要。所以说，CSS 中列表样式不太丰富确实是一大憾事。

(1)列表类型

要影响列表的样式，最简单(同时支持最充分)的办法就是改变其标志类型。

例如，在一个无序列表中，列表项的标志（marker）是出现在各列表项旁边的圆点。在有序列表中，标志可能是字母、数字或另外某种计数体系中的一个符号。

要修改用于列表项的标志类型，可以使用属性 list-style-type：

```
ul {list-style-type : square}
```

上面的声明把无序列表中的列表项标志设置为方块。

(2)列表项图像

有时，常规的标志是不够的。你可能想对各标志使用一个图像，这可以利用 list-style-image 属性做到：

ul li {list-style-image : url(xxx.gif)}

只需要简单地使用一个 url() 值，就可以使用图像作为标志。

(3)列表标志位置

CSS2.1 可以确定标志出现在列表项内容之外还是内容内部。这是利用 list-style-position 完成的。

规定列表中列表项目标记的位置：

```
ul
  {
  list-style-position:inside;
  }
```

表 1.2.6　可能的值

值	描　述
inside	列表项目标记放置在文本以内，且环绕文本根据标记对齐
outside	默认值。保持标记位于文本的左侧。列表项目标记放置在文本以外，且环绕文本不根据标记对齐
inherit	规定应该从父元素继承 list-style-position 属性的值

(4)简写列表样式

为简单起见，可以将以上 3 个列表样式属性合并为一个方便的属性：list-style，就像这样：

li {list-style : url(example.gif) square inside}

list-style 的值可以按任何顺序列出，而且这些值都可以忽略。只要提供了一个值，其他的就会填入其默认值。

【CSS 列表实例】

例 1.2.7　在无序列表中的不同类型的列表标记。

```
<html>
<head>
<style type="text/css">
ul.disc {list-style-type: disc}
ul.circle {list-style-type: circle}
ul.square {list-style-type: square}
ul.none {list-style-type: none}
</style>
</head>
<body>
<ul class="disc">
<li>咖啡</li>
<li>茶</li>
```

```
<li>可口可乐</li>
</ul>
<ul class="circle">
<li>咖啡</li>
<li>茶</li>
<li>可口可乐</li>
</ul>
<ul class="square">
<li>咖啡</li>
<li>茶</li>
<li>可口可乐</li>
</ul>
<ul class="none">
<li>咖啡</li>
<li>茶</li>
<li>可口可乐</li>
</ul>
</body>
</html>
```

- 咖啡
- 茶
- 可口可乐

- 咖啡
- 茶
- 可口可乐

- 咖啡
- 茶
- 可口可乐

咖啡
茶
可口可乐

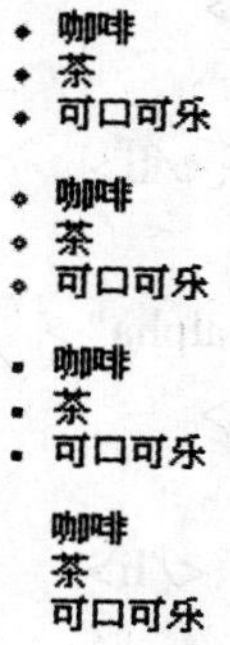

图 1.2.13　无序列表标记

执行结果如图 1.2.13 所示。

例 1.2.8　在有序列表中不同类型的列表项标记。

```
<html>
<head>
<style type="text/css">
ol.decimal {list-style-type: decimal}
ol.lroman {list-style-type: lower-roman}
ol.uroman {list-style-type: upper-roman}
ol.lalpha {list-style-type: lower-alpha}
ol.ualpha {list-style-type: upper-alpha}
</style>
</head>
<body>
<ol class="decimal">
<li>咖啡</li>
<li>茶</li>
<li>可口可乐</li>
</ol>
<ol class="lroman">
<li>咖啡</li>
```

```
<li>茶</li>
<li>可口可乐</li>
</ol>
<ol class="uroman">
<li>咖啡</li>
<li>茶</li>
<li>可口可乐</li>
</ol>
<ol class="lalpha">
<li>咖啡</li>
<li>茶</li>
<li>可口可乐</li>
</ol>
<ol class="ualpha">
<li>咖啡</li>
<li>茶</li>
<li>可口可乐</li>
</ol>
</body>
</html>
```

执行结果如图 1.2.14 所示。

1. 咖啡
2. 茶
3. 可口可乐

i. 咖啡
ii. 茶
iii. 可口可乐

I. 咖啡
II. 茶
III. 可口可乐

a. 咖啡
b. 茶
c. 可口可乐

A. 咖啡
B. 茶
C. 可口可乐

图 1.2.14 无序列表标记

试一试:运行如下代码,看看结果如何。

①所有的列表样式类型。

```
<html>
<head>
<style type="text/css">
ul.none {list-style-type: none}
ul.disc {list-style-type: disc}
ul.circle {list-style-type: circle}
ul.square {list-style-type: square}
ul.decimal {list-style-type: decimal}
ul.decimal-leading-zero {list-style-type: decimal-leading-zero}
ul.lower-roman {list-style-type: lower-roman}
ul.upper-roman {list-style-type: upper-roman}
ul.lower-alpha {list-style-type: lower-alpha}
ul.upper-alpha {list-style-type: upper-alpha}
ul.lower-greek {list-style-type: lower-greek}
ul.lower-latin {list-style-type: lower-latin}
ul.upper-latin {list-style-type: upper-latin}
```

```
ul.hebrew {list-style-type: hebrew}
ul.armenian {list-style-type: armenian}
ul.georgian {list-style-type: georgian}
ul.cjk-ideographic {list-style-type: cjk-ideographic}
ul.hiragana {list-style-type: hiragana}
ul.katakana {list-style-type: katakana}
ul.hiragana-iroha {list-style-type: hiragana-iroha}
ul.katakana-iroha {list-style-type: katakana-iroha}
</style>
</head>
<body>
<ul class="none">
<li>"none"类型</li>
<li>茶</li>
<li>可口可乐</li>
</ul>
<ul class="disc">
<li>Disc 类型</li>
<li>茶</li>
<li>可口可乐</li>
</ul>
<ul class="circle">
<li>Circle 类型</li>
<li>茶</li>
<li>可口可乐</li>
</ul>
<ul class="square">
<li>Square 类型</li>
<li>茶</li>
<li>可口可乐</li>
</ul>
<ul class="decimal">
<li>Decimal 类型</li>
<li>茶</li>
<li>可口可乐</li>
</ul>
<ul class="decimal-leading-zero">
<li>Decimal-leading-zero 类型</li>
<li>茶</li>
```

```
<li>可口可乐</li>
</ul>
<ul class="lower-roman">
<li>Lower-roman 类型</li>
<li>茶</li>
<li>可口可乐</li>
</ul>
<ul class="upper-roman">
<li>Upper-roman 类型</li>
<li>茶</li>
<li>可口可乐</li>
</ul>
<ul class="lower-alpha">
<li>Lower-alpha 类型</li>
<li>茶</li>
<li>可口可乐</li>
</ul>
<ul class="upper-alpha">
<li>Upper-alpha 类型</li>
<li>茶</li>
<li>可口可乐</li>
</ul>
<ul class="lower-greek">
<li>Lower-greek 类型</li>
<li>茶</li>
<li>可口可乐</li>
</ul>
<ul class="lower-latin">
<li>Lower-latin 类型</li>
<li>茶</li>
<li>可口可乐</li>
</ul>
<ul class="upper-latin">
<li>Upper-latin 类型</li>
<li>茶</li>
<li>可口可乐</li>
</ul>
<ul class="hebrew">
<li>Hebrew 类型</li>
```

```
<li>茶</li>
<li>可口可乐</li>
</ul>
<ul class="armenian">
<li>Armenian 类型</li>
<li>茶</li>
<li>可口可乐</li>
</ul>
<ul class="georgian">
<li>Georgian 类型</li>
<li>茶</li>
<li>可口可乐</li>
</ul>
<ul class="cjk-ideographic">
<li>Cjk-ideographic 类型</li>
<li>茶</li>
<li>可口可乐</li>
</ul>
<ul class="hiragana">
<li>Hiragana 类型</li>
<li>茶</li>
<li>可口可乐</li>
</ul>
<ul class="katakana">
<li>Katakana 类型</li>
<li>茶</li>
<li>可口可乐</li>
</ul>
<ul class="hiragana-iroha">
<li>Hiragana-iroha 类型</li>
<li>茶</li>
<li>可口可乐</li>
</ul>
<ul class="katakana-iroha">
<li>Katakana-iroha 类型</li>
<li>茶</li>
<li>可口可乐</li>
</ul>
</body>
```

```
</html>
```

②将图像作为列表项标记。

```
<html>
<head>
<style type="text/css">
ul
{
list-style-image: url('/i/eg_arrow.gif')
}
</style>
</head>
<body>
<ul>
<li>咖啡</li>
<li>茶</li>
<li>可口可乐</li>
</ul>
</body>
</html>
```

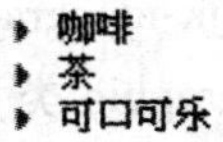

▸ 咖啡
▸ 茶
▸ 可口可乐

图 1.2.15　图像作为列表项标记

执行结果如图 1.2.15 所示。

表 1.2.7　CSS 列表属性(list)

属　性	描　述
list-style	简写属性。用于把所有用于列表的属性设置于一个声明中
list-style-image	将图像设置为列表项标志
list-style-position	设置列表中列表项标志的位置
list-style-type	设置列表项标志的类型

1.2.9.5　CSS 表格

如需在 CSS 中设置表格边框,请使用 border 属性。

下面的例子为 table、th 以及 td 设置了蓝色边框:

```
table, th, td
  {
  border: 1px solid blue;
  }
```

请注意,上例中的表格具有双线条边框。这是由于 table、th 以及 td 元素都有独立的边框。

如果需要把表格显示为单线条边框,请使用 border-collapse 属性。

1)折叠边框

border-collapse 属性设置是否将表格边框折叠为单一边框:

```
table
  {
  border-collapse:collapse;
  }
table,th, td
  {
  border: 1px solid black;
  }
```

2)表格宽度和高度

通过 width 和 height 属性定义表格的宽度和高度。

下面的例子将表格宽度设置为 100%,同时将 th 元素的高度设置为 50 px:

```
table
  {
  width:100%;
  }
th
  {
  height:50px;
  }
```

3)表格文本对齐

text-align 和 vertical-align 属性设置表格中文本的对齐方式。

text-align 属性设置水平对齐方式,比如左对齐、右对齐或者居中:

```
td
  {
  text-align:right;
  }
```

vertical-align 属性设置垂直对齐方式,比如顶部对齐、底部对齐或居中对齐:

```
td
  {
  height:50px;
  vertical-align:bottom;
  }
```

4)表格内边距

如需控制表格中内容与边框的距离,请为 td 和 th 元素设置 padding 属性:

```
td
  {
  padding:15px;
```

```
    }
```

5）表格颜色

下面的例子设置边框的颜色，以及 th 元素的文本和背景颜色：

```
table, td, th
    {
    border:1px solid green;
    }
th
    {
    background-color:green;
    color:white;
    }
```

表 1.2.8　CSS Table 属性

属　性	描　述
border-collapse	设置是否把表格边框合并为单一的边框
border-spacing	设置分隔单元格边框的距离
caption-side	设置表格标题的位置
empty-cells	设置是否显示表格中的空单元格
table-layout	设置显示单元、行和列的算法

【CSS 表格实例】

例 1.2.9　制作一个漂亮的表格。

```
<html>
<head>
<style type="text/css">
#customers
    {
    font-family:"Trebuchet MS", Arial, Helvetica, sans-serif;
    width:100%;
    border-collapse:collapse;
    }
#customers td, #customers th
    {
    font-size:1em;
    border:1px solid #98bf21;
    padding:3px 7px 2px 7px;
    }
#customers th
```

```
    {
    font-size:1.1em;
    text-align:left;
    padding-top:5px;
    padding-bottom:4px;
    background-color:#A7C942;
    color:#ffffff;
    }
#customers tr.alt td
    {
    color:#000000;
    background-color:#EAF2D3;
    }
</style>
</head>
<body>
<table id="customers">
<tr>
<th>Company</th>
<th>Contact</th>
<th>Country</th>
</tr>
<tr>
<td>Apple</td>
<td>Steven Jobs</td>
<td>USA</td>
</tr>
<tr class="alt">
<td>Baidu</td>
<td>Li YanHong</td>
<td>China</td>
</tr>
<tr>
<td>Google</td>
<td>Larry Page</td>
<td>USA</td>
</tr>
<tr class="alt">
<td>Lenovo</td>
```

```
<td>Liu Chuanzhi</td>
<td>China</td>
</tr>
<tr>
<td>Microsoft</td>
<td>Bill Gates</td>
<td>USA</td>
</tr>
<tr class="alt">
<td>Nokia</td>
<td>Stephen Elop</td>
<td>Finland</td>
</tr>
</table>
</body>
</html>
```

执行结果如图 1.2.16 所示。

Company	Contact	Country
Apple	Steven Jobs	USA
Baidu	Li YanHong	China
Google	Larry Page	USA
Lenovo	Liu Chuanzhi	China
Microsoft	Bill Gates	USA
Nokia	Stephen Elop	Finland

图 1.2.16　制作表格

例 1.2.10　设置表格边框之间的空白。

```
<html>
<head>
<style type="text/css">
table.one
{
border-collapse: separate;
border-spacing: 10px
}
table.two
{
border-collapse: separate;
border-spacing: 10px 50px
}
</style>
```

```
</head>
<body>
<table class="one" border="1">
<tr>
<td>Adams</td>
<td>John</td>
</tr>
<tr>
<td>Bush</td>
<td>George</td>
</tr>
</table>
<br />
<table class="two" border="1">
<tr>
<td>Carter</td>
<td>Thomas</td>
</tr>
<tr>
<td>Gates</td>
<td>Bill</td>
</tr>
</table>
<p><b>注释:</b>如果已规定!DOCTYPE,那么Internet Explorer8(以及更高版本)
支持 border-spacing 属性。</p>
</body>
</html>
```

执行结果如图 1.2.17 所示。

1.2.9.6　CSS 轮廓

轮廓(outline)是绘制于元素周围的一条线,位于边框边缘的外围,可起到突出元素的作用。

CSS outline 属性规定元素轮廓的样式、颜色和宽度。

【轮廓(Outline) 实例】

例 1.2.11　在元素周围画线

```
<html>
<head>
<style type="text/css">
p
{
```

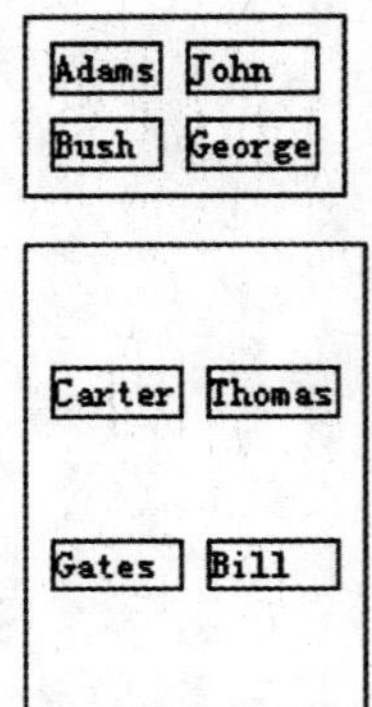

注释：如果已规定 !DOCTYPE，那么 Internet Explorer 8 （以及更高版本）支持 border-spacing 属性。

图 1.2.17　设置表格边框之间的空白

```
border:red solid thin;
outline:#00ff00 dotted thick;
}
</style>
</head>
<body>
<p><b>注释:</b>只有在规定了!DOCTYPE时,Internet Explorer8(以及更高版本)才支持 outline 属性。</p>
</body>
</html>
```

执行结果如图 1.2.18 所示。

注释：只有在规定了 !DOCTYPE 时，Internet Explorer 8 （以及更高版本） 才支持 outline 属性。

图 1.2.18　在元素周围画线

例 1.2.12　设置轮廓的颜色。

```
<html>
<head>
<style type="text/css">
p
{
border:red solid thin;
outline-style:dotted;
outline-color:#00ffff;
}
</style>
</head>
<body>
```

```
<p><b>注释:</b>只有在规定了!DOCTYPE时,Internet Explorer8(以及更高版本)才支持 outline-color 属性。</p>
</body>
</html>
```

执行结果如图 1.2.19 所示。

注释：只有在规定了 !DOCTYPE 时，Internet Explorer 8 （以及更高版本） 才支持 outline-color 属性。

图 1.2.19　设置轮廓的颜色

例 1.2.13　设置轮廓的样式。

```
<html>
<head>
<style type="text/css">
p
{
border: red solid thin;
}
p.dotted {outline-style: dotted}
p.dashed {outline-style: dashed}
p.solid {outline-style: solid}
p.double {outline-style: double}
p.groove {outline-style: groove}
p.ridge {outline-style: ridge}
p.inset {outline-style: inset}
p.outset {outline-style: outset}
</style>
</head>
<body>
<p class="dotted">A dotted outline</p>
<p class="dashed">A dashed outline</p>
<p class="solid">A solid outline</p>
<p class="double">A double outline</p>
<p class="groove">A groove outline</p>
<p class="ridge">A ridge outline</p>
<p class="inset">An inset outline</p>
<p class="outset">An outset outline</p>
<p><b>注释:</b>只有在规定了!DOCTYPE时,Internet Explorer8(以及更高版本)才支持 outline-style 属性。</p>
</body>
</html>
```

执行结果如图 1.2.20 所示。

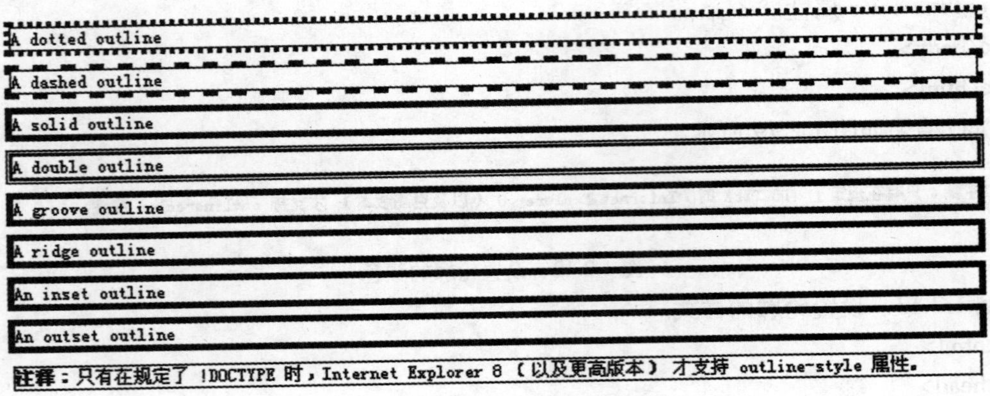

A dotted outline
A dashed outline
A solid outline
A double outline
A groove outline
A ridge outline
An inset outline
An outset outline
注释：只有在规定了 !DOCTYPE 时，Internet Explorer 8 （以及更高版本） 才支持 outline-style 属性。

图 1.2.20　设置轮廓的样式

例 1.2.14　设置轮廓的宽度。

```
<html>
<head>
<style type="text/css">
p.one
{
border:red solid thin;
outline-style:solid;
outline-width:thin;
}
p.two
{
border:red solid thin;
outline-style:dotted;
outline-width:3px;
}
</style>
</head>
<body>
<p class="one">This is some text in a paragraph.</p>
<p class="two">This is some text in a paragraph.</p>
<p><b>注释:</b>只有在规定了!DOCTYPE时,Internet Explorer8(以及更高版本)才支持 outline-width 属性。</p>
</body>
</html>
```

执行结果如图 1.2.21 所示。

This is some text in a paragraph.

This is some text in a paragraph.

注释：只有在规定了 !DOCTYPE 时，Internet Explorer 8 （以及更高版本） 才支持 outline-width 属性。

图 1.2.21　设置轮廓的宽度

表 1.2.9　CSS 边框属性

属　性	描　述	CSS
outline	在一个声明中设置所有的轮廓属性	2
outline-color	设置轮廓的颜色	2
outline-style	设置轮廓的样式	2
outline-width	设置轮廓的宽度	2

"CSS"列中的数字指示哪个 CSS 版本定义了该属性。

1.2.9.7　DIV+CSS 布局

DIV+CSS 是网站标准（或称"Web 标准"）中常用的术语之一，通常是为了说明与 HTML 网页设计语言中的表格（table）定位方式的区别，因为 XHTML 网站设计标准中，不再使用表格定位技术，而是采用 DIV+CSS 的方式实现各种定位。即用 DIV 盒模型结构给各部分内容划分到不同的区块，然后用 CSS 来定义盒模型的位置、大小、边框、内外边距、排列方式等。

DIV 元素是用来为 HTML 文档内大块（block-level）的内容提供结构和背景的元素。DIV 的起始标签和结束标签之间的所有内容都是用来构成这个块的，其中所包含元素的特性由 DIV 标签的属性来控制，或者是通过使用样式表格式化这个块来进行控制。

简单地说，DIV 用于搭建网站结构（框架），CSS 用于创建网站表现（样式/美化），实质即使用 XHTML 对网站进行标准化重构，使用 CSS 将表现与内容分离，从而便于网站维护，简化 HTML 页面代码，可以获得一个较优秀的网站结构便于日后维护、协同工作和搜索引擎蜘蛛抓取。

(1) 页面整体规划

页面的布局，大致分为以下几个部分：

- 顶部部分，其中又包括了 LOGO、MENU 和一幅 Banner 图片；
- 内容部分，又可分为侧边栏、主体内容；
- 底部，包括一些版权信息。

有了以上的分析，就可以很容易地布局了。我们设计的页面布局效果如图 1.2.22 所示。

DIV 结构如下：

```
│body {}   /* 这是一个 HTML 元素 */
└#Container {}   /* 页面层容器 */
          ├#Header {}   /* 页面头部 */
          #PageBody {}   /* 页面主体 */
          │   ├#Sidebar {}   /* 侧边栏 */
          │   └#MainBody {}   /* 主体内容 */
          └#Footer {}   /* 页面底部 */
```

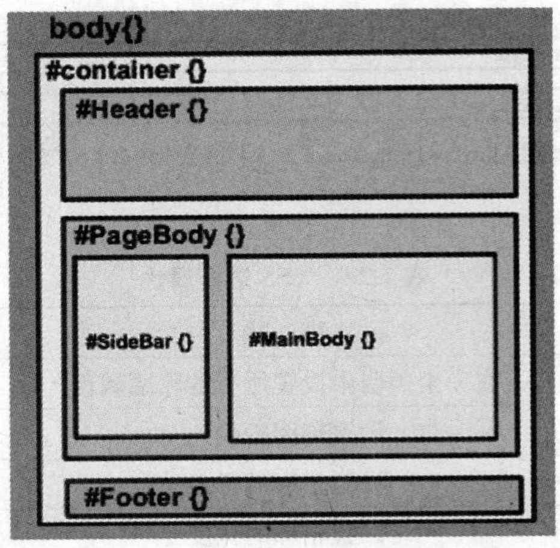

图 1.2.22　页面布局效果图

页面布局与规划已经完成，接下来要做的就是开始书写 HTML 代码和 CSS。

在<body></body>标签对中写入 DIV 的基本结构，代码如下：

```
<div id="container"><! --页面层容器-->
  <div id="Header"><! --页面头部-->
  </div>
  <div id="PageBody"><! --页面主体-->
    <div id="Sidebar"><! --侧边栏-->
    </div>
    <div id="MainBody"><! --主体内容-->
    </div>
  </div>
  <div id="Footer"><! --页面底部-->
  </div>
</div>
```

接下来写入 CSS 信息，代码如下：

```
/*基本信息*/
body {font:12px Tahoma;margin:0px;text-align:center;background:#FFF;}
/*页面层容器*/
#container {width:100%}
/*页面头部*/
#Header {width:800px;margin:0 auto;height:100px;background:#FFCC99}
/*页面主体*/
#PageBody {width:800px;margin:0auto;height:400px;background:#CCFF00}
/*页面底部*/
#Footer {width:800px;margin:0 auto;height:50px;background:#00FFFF}
```

页面执行效果如图 1.2.23 所示。

图 1.2.23 DIV 页面布局效果图

(2)页面布局

1)一列布局

一列布局是布局中的基础。一列布局的宽度又分为了固定宽度和自适应宽度。

我们给 div 使用了 layout 作为 id 名称,为了便于查看,使用了"background-color: #E8F5FE;"代码将 div 的背景色设置成浅蓝色,用"border: 2px solid #A9C9E2;"代码将边框设置成天蓝色。由于是固定宽度布局,因此直接设置了宽度属性"width:300px;"高度属性"height:200px;"。

```
<html>
<head>
<meta http-equiv="Content-Type" content="text/html; charset=gb2312" />
<title>一列固定宽度</title>
<style type="text/css">
<!--
#layout {
border: 2px solid #A9C9E2;
background-color: #E8F5FE;
height: 200px;
width: 300px;
}
-->
</style>
</head>
```

```
<body>
<div id="layout">一列固定宽度</div>
</body>
</html>
```

执行效果如图 1.2.24 所示。

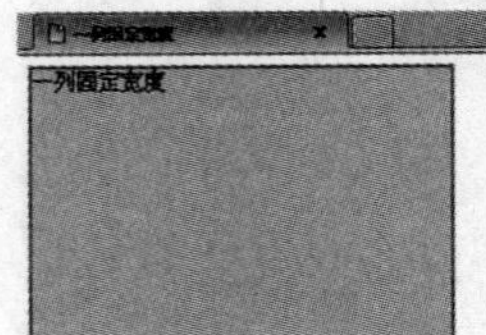

图 1.2.24　一列固定宽度布局效果图

页面整体居中是网页设计中最普遍应用的形式，在传统表格布局中使用表格的 align="center"属性来实现。div 本身也支持 align="center"属性，也可以让 div 呈现居中状态，但 CSS 布局是为了实现表现和内容的分离。而 align 对齐属性是一种样式代码，书写在 XHTML 的 div 属性之中，有违背分享原则，因此应当使用 CSS 实现内容的居中。我们在固定宽度一列布局代码的基础上，为其增加居中的 css 样式：

```
#layout {
border: 2px solid #A9C9E2;
background-color: #E8F5FE;
height: 200px;
width: 300px;
margin:0px auto;
}
```

margin 属性用于控制对象的上下、左右四个方向的外边距。当 margin 使用两个参数时，第一个参数表示上下边距，第二个参数表示左右边距。除了直接使用数值之外，margin 还支持一个值叫 auto。auto 值是让浏览器自动判断边距，在这里，把当前 div 的左右边距设置为 auto，浏览器就会将 div 的左右边距设为相当，并呈现为居中状态。

试一试：

请同学们自行完成一列固定宽度居中的页面布局方式。

自适应布局是网页设计中常见的布局形式。自适应的布局能够根据浏览器窗口的大小自动改变其宽度和高度值，是一种非常灵活的布局形式，良好的自适应布局网站对不同分辨率的显示器都能提供最好的显示效果。

实际上，div 默认状态的占据整行的空间，便是宽度为 100%的自适应布局的表现形式。一列自适应布局需要我们做的工作也非常简单，只需要将宽度由固定值改为百分比值的形式即可：

```
#layout {
border: 2px solid #A9C9E2;
background-color: #E8F5FE;
height: 200px;
```

```
    width: 80%;
}
```

执行效果如图 1.2.25 所示。

图 1.2.25 一列自适应宽度布局效果图

2）二列布局

二列布局自然需要用到两个 div。我们设计了左右两个层，分别为 left 和 right，表示两个 div 的名称。我们需要首先设置它们的宽度，然后让两个 div 在水平行中并排显示，从而形成二列式的布局。代码如下：

```
<html>
<head>
<meta http-equiv="Content-Type" content="text/html; charset=gb2312" />
<title>二列固定宽度</title>
<style type="text/css">
<!--
#left {
background-color: #00CCFF;
border: 1px solid #A9C9E2;
float: left;
height: 300px;
width: 200px;
}
#right {
background-color: #0099FF;
border: 1px solid #A5CF3D;
float: left;
height: 300px;
width: 500px;
}
-->
</style>
</head>
<body>
<div id="left">左列</div>
<div id="right">右列</div>
```

```
</body>
</html>
```

执行效果如图 1.2.26 所示。

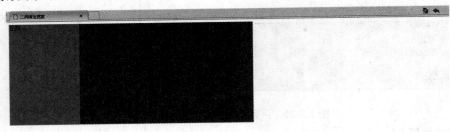

图 1.2.26　二列固定宽度布局效果图

left 与 right 两个 div 的代码与前面类似。为了实现二列式布局，我们使用了一个全新的属性——float。

float 属性是 CSS 布局中非常重要的一个属性，用于控制对象的浮动布局方式。大部分 div 布局基本上都通过 float 的控制来实现布局，float 的可选参数为：none、left、right。float 使用 none 值时表示对象不浮动，而使用 left 时，对象将向左浮动。例如本例中的 div 使用了"float：left；"之后，右侧的内容将流到当前对象的右侧。使用 right 时，对象将向右浮动，如果将#left 的 float 值设置为 right，将使得#left 对象浮动到网页右侧，而#right 对象则由于"float：left；"属性浮动到网页左侧。

二列的宽度还可以设置为：二列宽度自适应、左侧固定右侧宽度自适应等。同学们可自行编写代码运行看看效果。

在一列固定宽度之中使用"margin：0px auto；"这样的设置，使一个 div 得以居中显示，而二列分栏中，需要控制的是左分栏的左边与右分栏的右边相等，因此使用"margi：0px auto；"似乎不能够达到这样的效果。

这时就需要进行 div 的嵌套式设计来完成了，可以使用一个居中的 div 作为容器，将二列分栏的两个 div 放置在容器中，从而实现二列的居中显示，代码如下：

```
<html>
<head>
<meta http-equiv="Content-Type" content="text/html; charset=gb2312">
<title>二列固定宽度居中</title>
<style type="text/css">
<!--
#layout {
    width: 704px;
    margin-top: 0px;
    margin-right: auto;
    margin-bottom: 0px;
    margin-left: auto;
}
```

```
#left {
    background-color: #00CCFF;
    border: 1px solid #A9C9E2;
    float: left;
    height: 300px;
    width: 200px;
  }
 #right {
    background-color: #0099FF;
    border: 1px solid #A5CF3D;
    float: left;
    height: 300px;
    width: 500px;
 }
 -->
 </style>
 </head>
 <body>
 <div id="layout">
   <div id="left">左列</div>
   <div id="right">右列</div>
 </div>
 </body>
 </html>
```

执行效果如图 1.2.27 所示。

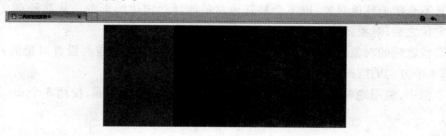

图 1.2.27　二列固定宽度居中布局效果图

#layout 有了居中的属性，自然里边的内容也能够居中，这里的问题在于#layout 的宽度定义。将#layout 的宽度设定为 704 px，因为一个对象真正的宽度是由它的各种属性相加而成，而 left 的宽度为 200 px，但左右都有 1 px 的边距，因此实际宽度是 202 px，right 对象同样如此。为了让 layout 作为容器能够装下它们两个，宽度则变为了 left 和 right 的实际宽度和，便设定为了 704 px，这样就实现了二列居中显示。

3)三列布局——左右固定宽度中间自适应

使用浮动定位方式,从一列到多列的固定宽度及自适应基本上可以简单完成,包括三列的固定宽度。如果希望有一个三列式布局,其中左栏要求固定宽度并居左显示,右栏要求固定宽度并居右显示,而中间栏需要在左栏和右栏的中间并根据左右栏的间距变化自动适应。这给布局提出了一个新的要求。单纯使用 float 属性与百分比属性并不能够实现,CSS 目前还不支持百分比的计算精确到考虑左栏和右栏的占位,如果对中间栏使用 100%宽度的话,它将使用浏览器窗口的宽度,而非左栏与右栏的中间间距,因此需要重新考虑这个问题。

在开始这样的三列布局之前,有必要了解一个新的定位方式——**绝对定位**。前面的浮动定位方式主要由浏览器根据对象的内容自动进行浮动方向的调整,但是这种方式不能满足定位需求时,就需要新的方法来实现。CSS 提供的除去浮动定位之外的另一种定位方式就是绝对定位,绝对定位使用 position 属性来实现。

position 用于设置对象的定位方式可用值:static、absolute、relative。

对页面中的每一个对象而言,默认 position 属性都是 static。如果将对象设置为 position:absolute,对象将脱离文档流,根据整个页面的位置进行重新定位。当使用此属性时,可以使用 top,right,bottom,left 即上、右、下、左 4 个方向的距离值,以确定对象的具体位置,代码如下:

```
#layout {
position:absolute;
top:20px;
left:0px;
}
```

如果#layout 使用了“position:absolute;”,将会变成绝对定位模式,与此同时,当设置“top:20px;”时,它将永远离浏览器窗口的上方 20 px,而“left:0px;”将保证它离浏览器左边距为 0px。

注意:一个对象如果设置了“position:absolute;”,它将从本质上与其他对象分离出来,它的定位模式不会影响其他对象,也不会被其他对象的浮动定位所影响。从某种意义上说,使用了绝对定位之后,对象就像一个图层一样浮在了网页之上。

绝对定位之后的对象,不会再考虑它与页面中的浮动关系,只需要设置对象的 top、right、bottom、left 4 个方向的值即可。

而在本例中,使用绝对定位则能够很好地解决我们所提出的问题,使用 3 个 div 形成 3 个分栏结构:

```
<html>
<head>
<meta http-equiv="Content-Type"  content="text/html; charset=gb2312" />
<title>三列左右固定宽度中间自适应</title>
<style>
body{
    margin:0px;
}
```

```
#left {
    background-color: #E8F5FE;
    border: 1px solid #A9C9E2;
    height: 300px;
    width: 200px;
    position: absolute;
    top: 0px;
    left: 0px;
}
#center {
    background-color: #F2FDDB;
    border: 1px solid #A5CF3D;
    height: 300px;
    margin-right: 202px;
    margin-left: 202px;
}
#right {
    background-color: #FFE7F4;
    border: 1px solid #F9B3D5;
    height:300px;
    width: 200px;
    position: absolute;
    top: 0px;
    right: 0px;
}
</style>
</head>

<body>
<div id="left">左列</div>
<div id="center">中列</div>
<div id="right">右列</div>
</body>
</html>
```

这样,“left:0px;”使左栏贴着左边缘进行显示,而“right: 0px;”使右栏贴着右边缘显示,而中间的#center 则不需要再设定其浮动方式,只需要让它的左边外边距永远保持#left 与#right的宽度,便实现了两边各让出 202 px 的自适应宽度,而左右两边让出的距离,刚好使#left和#right 显示在这个空间中,从而实现了要求。执行效果如图 1.2.28 所示。

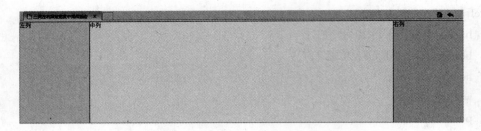

图 1.2.28　三列左右固定宽度中间自适应布局效果图

【任务实施】

使用 DIV+CSS 技术进行电子信息工程学院首页制作。

(1)创建网页结构

根据图 1.2.1 所示分析该页面布局,将页面分为以下几个部分:

```
<div id="Header"><!--页面头部-->
</div>
<div id="PageBody"><!--页面主体-->
    <div id="homeNav"><!--页面菜单-->
    </div>
      <div id="MainBody"><!--主体内容-->
      </div>
    <div id="Footer"><!--页面底部-->
    </div>
</div>
```

(2)设置 LOGO 和页面背景

首先我们在 id 为“Header”的层里面添加一个以 class 为“logo”的层,代码如下:

```
    <div class="logo"></div>
</div>
```

接着分别对 LOGO 和页面使用 background-image 属性设置背景图片,同时使用 margin 属性使其居中显示,代码如下:

```
body{
    margin:0px;
    background-image:url(imgs/body.jpg);
    font-family:"微软雅黑";
}
#Header {
margin:0px auto;
background-image:url(imgs/head-background.png);
}
#Header .logo{
```

```
    width:1000px;
    height:226px;
    margin:0px auto;
    background-image:url(imgs/head-logo1.png);
}
```

执行效果如图 1.2.29 所示。

图 1.2.29　设置 LOGO 和页面背景

(3)制作导航

用<div></div>创建页面导航，每隔一个<div>设置属性 class="even"，代码如下：

```
<div id="homeNav">
        <div>
            <h1><a  href="#">首页</a></h1>
        </div>
        <div class="even">
            <h1><a  href="#">学院概况</a></h1>
        </div>
        <div >
            <h1><a  href="#">师资队伍</a></h1>
        </div>
        <div class="even ">
            <h1><a  href="#">教学科研</a></h1>
        </div>
        <div >
            <h1><a  href="#">党建工作</a></h1>
        </div>
        <div class="even ">
            <h1><a  href="#">实训基地</a></h1>
```

```
        </div>
        <div >
            <h1><a  href="#">学生园地</a></h1>
        </div>
        <div class="even">
            <h1><a  href="#">招生就业</a></h1>
        </div>
</div>
```

执行效果如图 1.2.30 所示。

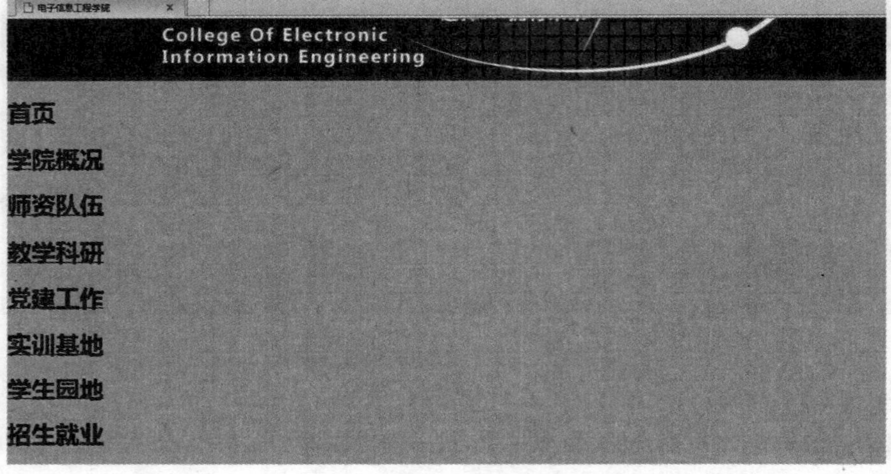

图 1.2.30 添加菜单导航

根据图 1.2.1 所示效果图，页面主体有白色的背景且居中显示，接下来就来设置这样的效果。我们为其页面主体 PageBody 设置样式，代码如下：

```
#PageBody{
    margin:auto;
    padding:0 20px;
    width:1000px;
    background-image:url(imgs/body-background.png);
}
```

执行效果如图 1.2.31 所示。

接着设置导航的宽度、高度及字体等样式，代码如下：

```
#homeNav{
      width:149px;
    border-right: 1px solid #999999;
}
#homeNav div{
  height: 60px;
}
```

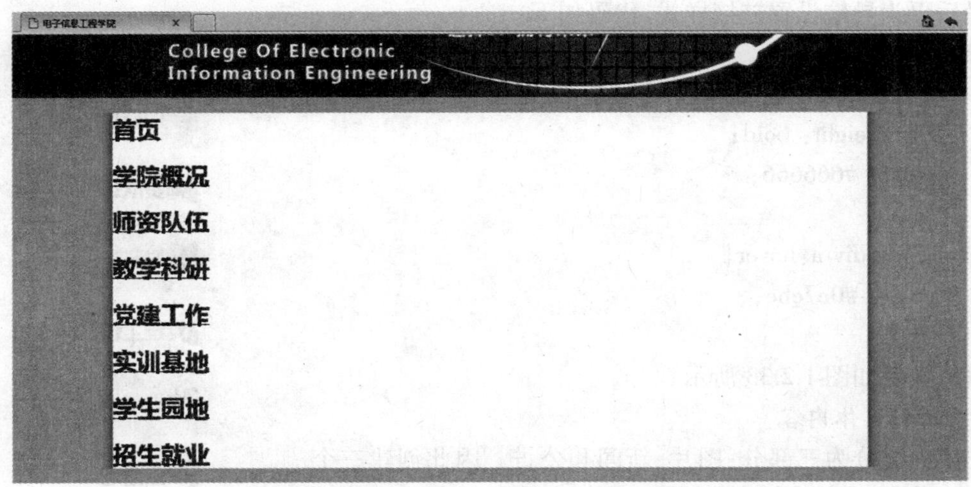

图 1.2.31　设置主体 PageBody 样式

```
#homeNav .even{
    background-color:#eff4f7;
}
#homeNav h1{
font-size:18px;
border-left:#0c7cbe solid 8px;
margin:0px 15px;
position:relative;
top:20px;
}
```

执行效果如图 1.2.32 所示。

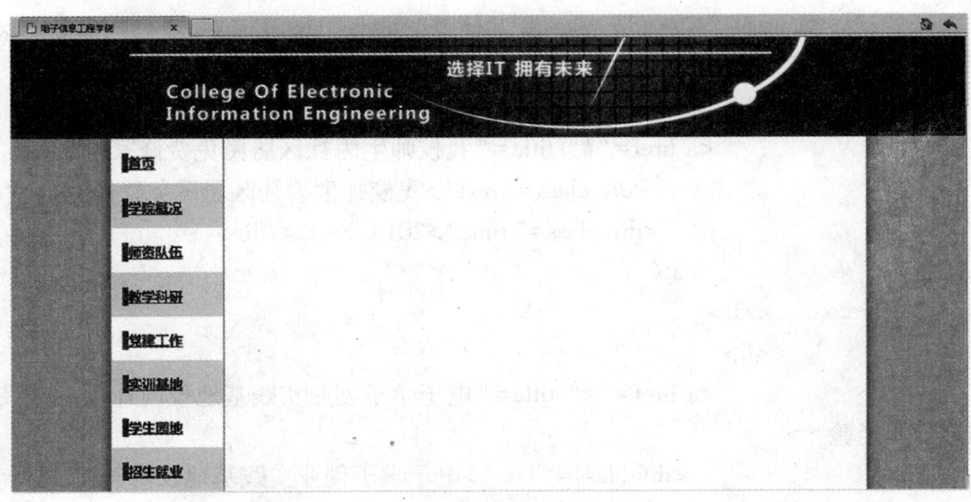

图 1.2.32　设置导航基本样式

最后再为导航设置链接样式，代码如下：

```
#homeNav div a{
    text-decoration: none;
    font-weight: bold;
    color: #666666;
}
#homeNav div a:hover{
    color: #0c7cbe;
}
```

首页
学院概况
师资队伍
教学科研
党建工作
实训基地
学生园地
招生就业

图 1.2.33 设置导航链接样式

执行效果如图 1.2.33 所示。

(4)制作主体内容

主体内容分为三部分：图片、新闻和公告。因此创建三个<div></div>用于存放相应的内容，另外为了方便进行属性的设置，为其增加一个 id="home" 的外围层，代码如下：

```
<div id="MainBody"><!--主体内容-->
    <div id="home">
            <divclass="imgs"></div>
            <div class="news"></div>
            <div class="notice"></div>
    </div>
</div>
```

接下来就为其各个层添加内容，代码如下：

```
<div id="home">
    <div  class="imgs"></div>
    <div class="news">
            <a href="#"><div class="title"></div></a>
            <ul>
                <li>
                    <a href="#" title="我校师生为社区居民免费修家电" >
                        <div class="text">我校师生为社区居民免费修家电</div>
                        <div class="time">2013-06-05</div>
                    </a>
                </li>
                <li>
                    <a href="#" title="电子学子创业实践基地校内开业 提升专业
技能积累创业经验" >
                        <div class="text">电子学子创业实践基地校内开业 提升专
业技能积累创业经验</div>
                        <div class="time">2013-06-05</div>
```

```
                </a>
            </li>
            <li>
                <a href="#" title="电子信息工程学院“重庆市计算机二级等级考
试”再创佳绩">
                    <div class="text">电子信息工程学院“重庆市计算机二级
等级
考试”再创佳绩</div>
                    <div class="time">2013-06-04</div>
                </a>
            </li>
            <li>
                <a href="#" title="青岛职业技术学院来我校参观考察">
                  <div class="text">青岛职业技术学院来我校参观考察</div>
                    <div class="time">2013-06-03</div>
                </a>
            </li>
             <li>
                 <a href="#" title="重庆工商职业学院与重庆普天普科通信技术
有限公司举行共建共管“校中厂”签约仪式">
                     <div class="text">重庆工商职业学院与重庆普天普科通信
技术有限公司举行共建共管“校中厂”签约仪式</div>
                     <div class="time">2013-06-03</div>
                   </a>
             </li>
         </ul>
     </div>
     <div class="notice">
         <a href="#"><div class="title"></div></a>
         <ul>
             <li>
                 <a href="#" title="关于组织开展“扬五四精神,展青春风采”主
题团日活动的通知">
                     <div class="text">关于组织开展“扬五四精神,展青春风采”
主题团日活动的通知</div>
                     <div class="time">2013-05-08</div>
                 </a>
             </li>
             <li>
```

```
                <a href="#" title="关于举办“端午诗会”的通知" >
                  <div class="text">关于举办“端午诗会”的通知</div>
                    <div class="time">2013-04-20</div>
                </a>
            </li>
            <li>
                <a href="#" title="转发《关于组织参加第十三届“挑战杯”全国
大学生课外学术科技作品竞赛的通知》的通知" >
                    <div class="text">转发《关于组织参加第十三届“挑战杯”
全国大学生课外学术科技作品竞赛的通知》的通知...</div>
                      <div class="time">2013-03-01</div>
                </a>
            </li>
            <li>
                <a href="#" title="关于开展第五届全国普通高校信息技术创新
与实践活动的通知" >
                    <div class="text">关于开展第五届全国普通高校信息技术
创新与实践活动的通知</div>
                    <div class="time">2013-03-01</div>
                </a>
            </li>
            <li>
                <a href="#" title="重庆市高校思想政治教育研究会关于举
办 2013 年年会暨思想政治教育创新论坛的通知" >
                      <div class="text">重庆市高校思想政治教育研究会关于
举办 2013 年年会暨思想政治教育创新论坛的通知</div>
                        <div class="time">2013-02-28</div>
                </a>
            </li>
          </ul>
      </div>
  </div>
```

此时,新闻和通知部分的内容是以列表的形式进行展示的,同时排列于导航部分的下面。执行效果如图 1.2.34 所示。

显然,这样的展现形式不符合主页的展示。

接下来对主体内容进行系列样式的设置:

1)位置设置

首先对 MainBody 进行浮动设置,代码如下:

```
#MainBody{
```

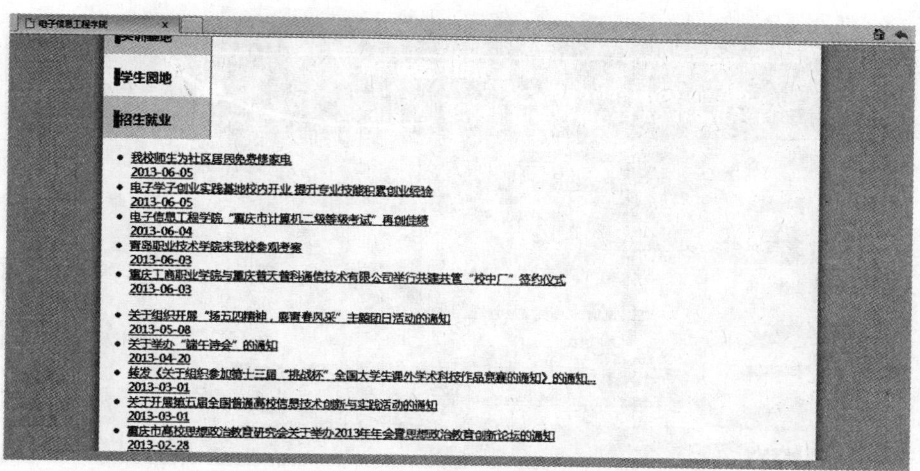

图 1.2.34　添加主体内容

```
    float:right;
    width:850px;
}
```

执行效果如图 1.2.35 所示。

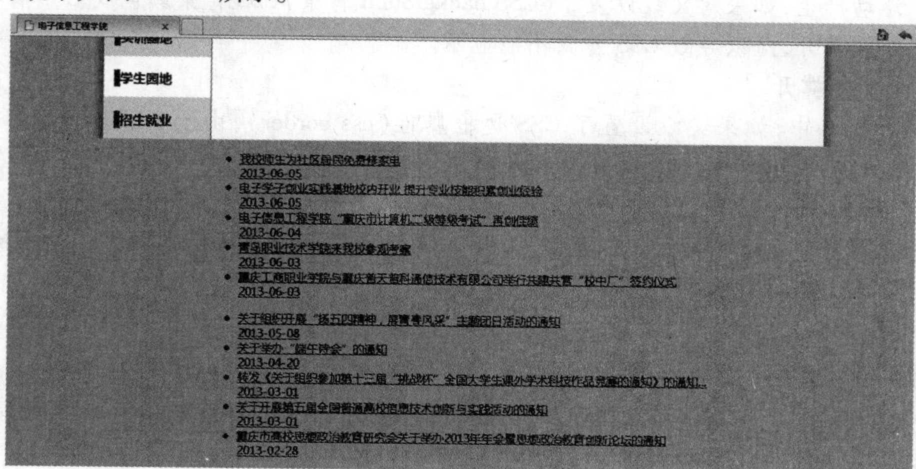

图 1.2.35　设置主体内容浮动效果

news 和 notice 部分的内容右移了，但没有和导航菜单在同一个水平线上，因此还需要给导航层 homeNav 添加属性"float:left;"，执行效果如图 1.2.36 所示。

此刻，新问题又来了。给导航层 homeNav 添加了属性"float:left;"后，会发现 PageBody 的背景图片不显示了。

这就是浮动产生的负作用，如果对父级设置了（CSS background 背景）CSS 背景颜色或 CSS 背景图片，而父级不能被撑开，所以导致 CSS 背景不能显示。

说明：

一般浮动是什么情况呢？一般是一个盒子里使用了 CSS float 浮动属性，导致父级对象盒子不能被撑开，这样 CSS float 浮动就产生了。

简单地说，浮动是因为使用了 float:left 或 float:right 或两者都有而产生的浮动。

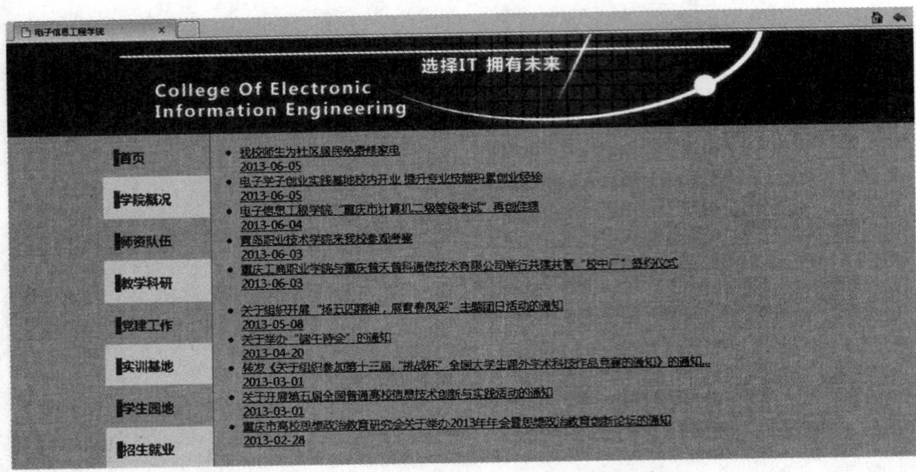

图 1.2.36 设置导航菜单浮动效果

一、浮动产生负作用

1.背景不能显示

由于浮动产生,如果对父级设置了(CSS background 背景)CSS 背景颜色或 CSS 背景图片,而父级不能被撑开,所以导致 CSS 背景不能显示。

2.边框不能撑开

如图 1.2.36 中,如果父级设置了 CSS 边框属性(css border),由于子级里使用了 float 属性,产生浮动,父级不能被撑开,导致边框不能随内容而被撑开。

3.margin padding 设置值不能正确显示

由于浮动导致父级子级之间设置了 css padding、css margin 属性的值不能正确表达。特别是上下边的 padding 和 margin 不能正确显示。

二、清除浮动

1.对父级设置适合 CSS 高度

对父级设置适合高度样式清除浮动。使用设置高度样式,清除浮动产生,前提是对象内容高度要能确定并能计算。

2.clear:both 清除浮动

为了统一样式,新建一个样式选择器 CSS 命名为".clear",并且对应选择器样式为"clear:both",然后在父级"</div>"结束前加此 div 引入"class="clear""样式。这样即可清除浮动。

3.父级 div 定义 overflow:hidden

对父级 CSS 选择器加 overflow:hidden 样式,可以清除父级内使用 float 产生浮动。

这里采用第二种方法来清除浮动。首先在父级 PageBody 层结束前添加一个 DIV 并引入 class="clear",如图 1.2.37 所示。

接着再添加 clear 样式,代码如下:

```
.clear{
clear:both;
}
```

```
        <div id="Footer"><!--页面底部-->
        </div>
    <div class="clear"></div>
    </div>
```

图 1.2.37　添加一个 DIV 并引入 class="clear"

执行效果如图 1.2.38 所示。

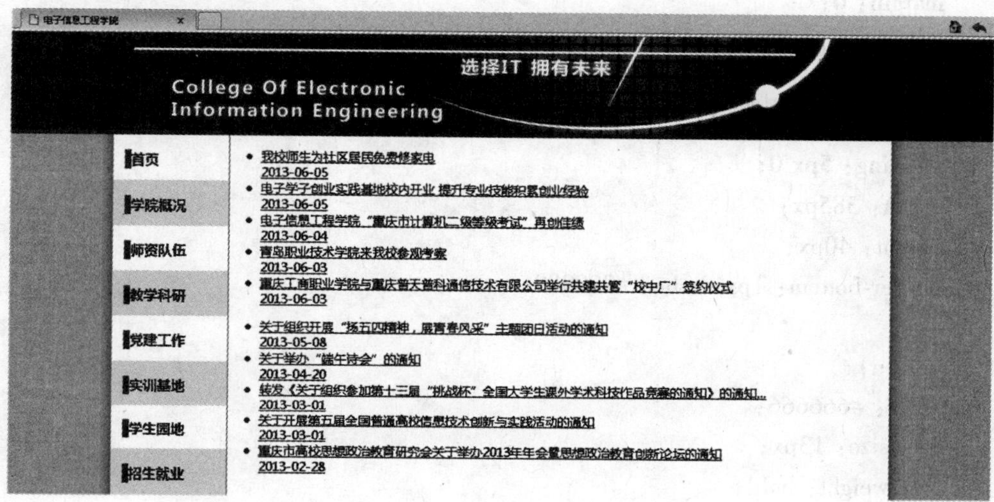

图 1.2.38　主体内容位置设置效果

因为 news 和 notice 部分的内容是横向并排显示的，因此要控制其宽度使其在同一行上显示，设置相应属性，代码如下：

```
#home .news,#home .notice{
    width: 410px;
    float: left;
    padding-left: 5px;
      font-family: "宋体";
}
```

2)样式设置

对于 news 和 notice 部分，先进行位置定位，再对其进行样式设置，主要包括图片的设置、列表的处理和文本样式的设置等，代码如下：

```
#home .news .title{
    width: 350px;
    height: 40px;
    background: url(imgs/home-news.png);
    cursor:pointer;
}
#home .notice .title{
    width: 350px;
    height: 40px;
```

```
        background: url(imgs/home-notice.png);
        cursor:pointer;
    }
    #home ul{
        padding: 0 0 0 2px;
        margin: 0;
        list-style: none;
    }
    #home ul li{
        padding: 5px 0;
        width: 385px;
        height: 40px;
        border-bottom: 1px dashed #999999;
    }
    #home ul a{
        color: #666666;
        font-size: 13px;
        font-weight: bold;
        text-decoration: none;
        cursor: pointer;
    }
    #home ul li a:hover{
        color: #0c7cbe;
    }
```

执行效果如图 1.2.39 所示。

新闻	公告
我校师生为社区居民免费修家电 2013-06-05	关于组织开展"扬五四精神，展青春风采"主题团日活动的通知 2013-05-08
电子学子创业实践基地校内开业 提升专业技能积累创业经验 2013-06-05	关于举办"端午诗会"的通知 2013-04-20
电子信息工程学院"重庆市计算机二级等级考试"再创佳绩 2013-06-04	转发《关于组织参加第十三届"挑战杯"全国大学生课外学术科技作品竞赛的通知》的通知... 2013-03-01
青岛职业技术学院来我校参观考察 2013-06-03	关于开展第五届全国普通高校信息技术创新与实践活动的通知 2013-03-01
重庆工商职业学院与重庆普天普科通信技术有限公司举行共建共管"校中厂"签约仪式 2013-06-03	重庆市高校思想政治教育研究会关于举办2013年年会暨思想政治教育创新论坛的通知 2013-02-28

图 1.2.39 主体内容(图片、文本)样式设置效果

从图 1.2.1 上看,每条新闻及公告的时间是显示在其右下角的,因此还要对时间文本进行位置的设定,代码如下:

```
    #home ul li .time{
```

```
    top:20px;
    float: right;
}
```

执行效果如图 1.2.40 所示。

新闻

我校师生为社区居民免费修家电 2013-06-05

电子学子创业实践基地校内开业 提升专业技能积累创业经验 2013-06-05

电子信息工程学院“重庆市计算机二级等级考试”再创佳绩 2013-06-04

青岛职业技术学院来我校参观考察 2013-06-03

重庆工商职业学院与重庆普天普科通信技术有限公司举行共建共管“校中厂”签约仪式 2013-06-03

公告

关于组织开展“扬五四精神，展青春风采”主题团日活动的通知 2013-05-08

关于举办“端午诗会”的通知 2013-04-20

转发《关于组织参加第十三届“挑战杯”全国大学生课外学术科技作品竞赛的通知》的通知... 2013-03-01

关于开展第五届全国普通高校信息技术创新与实践活动的通知 2013-03-01

重庆市高校思想政治教育研究会关于举办2013年年会暨思想政治教育创新论坛的通知 2013-02-28

图 1.2.40　主体内容(时间)位置设置效果

图 1.2.1 所示页面中文字和时间并不是右对齐,因此这里要对文字的宽度进行设定,代码如下:

```
#home ul li .text{
    width: 355px;
    height: 38px;
}
```

执行效果如图 1.2.41 所示。

新闻

我校师生为社区居民免费修家电

2013-06-05

电子学子创业实践基地校内开业 提升专业技能积累创业经验

2013-06-05

电子信息工程学院“重庆市计算机二级等级考试”再创佳绩

2013-06-04

青岛职业技术学院来我校参观考察

2013-06-03

重庆工商职业学院与重庆普天普科通信技术有限公司举行共建共管“校中厂”签约仪式

2013-06-03

公告

关于组织开展“扬五四精神，展青春风采”主题团日活动的通知

2013-05-08

关于举办“端午诗会”的通知

2013-04-20

转发《关于组织参加第十三届“挑战杯”全国大学生课外学术科技作品竞赛的通知》的通知...

2013-03-01

关于开展第五届全国普通高校信息技术创新与实践活动的通知

2013-03-01

重庆市高校思想政治教育研究会关于举办2013年年会暨思想政治教育创新论坛的通知

2013-02-28

图 1.2.41　调整文本显示宽度效果

这里问题又出现了,缩短了文本的显示宽度后,时间文本被挤出原有的空间了。那怎么才能处理呢?这里就要用到属性 position 了。代码如下:

```
#home ul li .text{
    position:absolute;
    width: 355px;
    height: 38px;
```

```
}
#home ul li .time{
        position: relative;
        top:20px;
        float: right;
}
```

另外,从图 1.2.1 可见,在新闻和公告的上部还有图片展示的空间,因此为其添加相应的样式,代码如下:

```
#home .imgs{
    width: 850px;
    height:300px;
}
```

执行效果如图 1.2.42 所示。

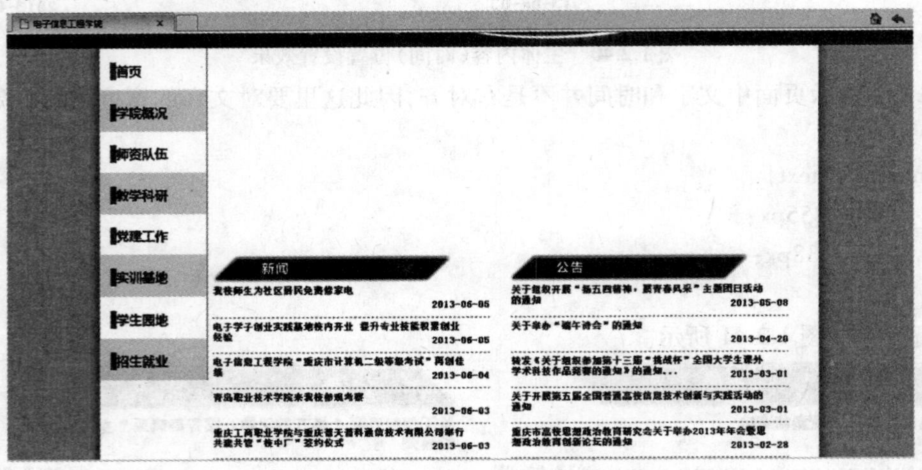

图 1.2.42　主体内容总体效果

(5)制作页脚

首先添加页脚部分内容,代码如下:

```
<div id="Footer"><! --页面底部-->
    <div class="blogroll">
        <ul>
            <li>友情链接:</li>
            <li><a href="http://www.cqtbi.edu.cn/cqtbijwc/" target="_blank">重庆工商职业学院教务</a></li>
            <li><a href="http://www.chsi.com.cn/" target="_blank">中国高等教育学生信息</a></li>
        <li><a href="http://www.cqedu.cn/site/html/cqjwportal/portal/index/index.htm/" target="_blank">重庆市教育委员会</a></li>
        <li><a href="http://www.chinaedunet.com/" target="_blank">中国教育网
```

```
</a></li>
            <li><a href="http://www.tech.net.cn/" target="_blank">中国高职高专教育网
</a></li>
            <li><a href="http://www.cqtbi.edu.cn/" target="_blank">重庆工商职业学院
</a></li>
        </ul>
        <br/>
    </div>
    <div class="copyright">
        <p>Copyright 2012 Powered by 电子信息工程学院 All Rights Reserved.</p>
        <p>华岩校区地址:重庆市九龙坡区九龙科技园华龙大道1号  邮编:400052  电
话:023-68467506</p>
        <p>合川校区地址:重庆市合川区高校园区思源路15号  邮编:401520  电话:
023-42860197</p>
    </div>
</div>
```

执行效果如图 1.2.43 所示。

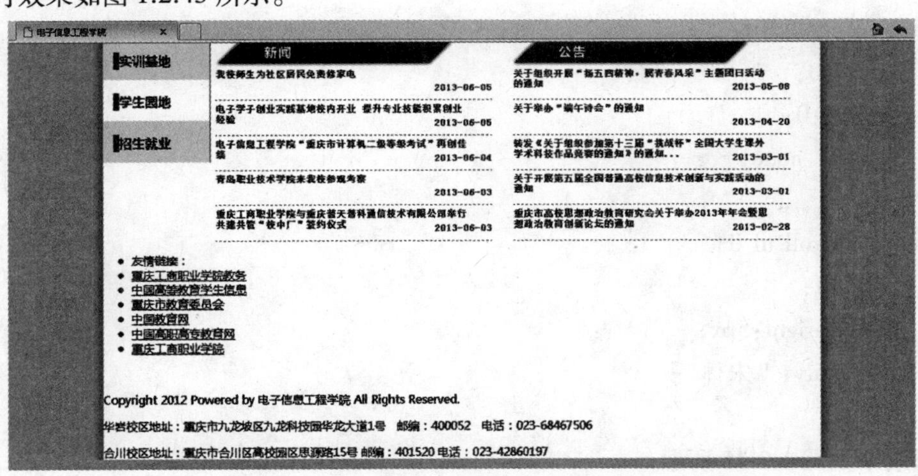

图 1.2.43 添加页脚内容

接下来调整页脚部分的位置,代码如下:

```
#Footer{
    width:850px;
    float:right;
    margin:10px auto;
    background-color:#FFFFFF;
}
```

执行效果如图 1.2.44 所示。

从图 1.2.1 可见,友情链接部分是横向显示的,因此要为列表进行样式设置,代码如下:

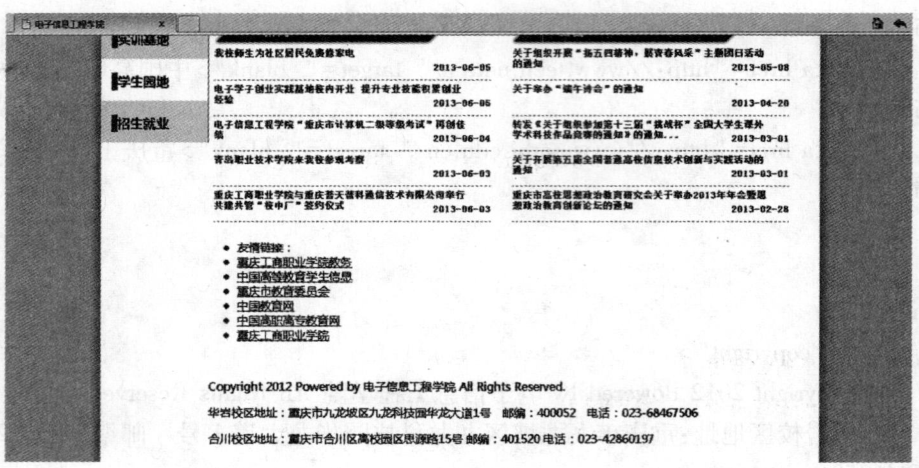

图 1.2.44 设置页脚位置

```
#Footer .blogroll{
    padding:10px;
    font-size:13px;
}
#Footer .blogroll ul{
    margin:0;
    padding:0;
    list-style:none;
}
#Footer .blogroll ul li{
    float:left;
    padding-right:5px;
    font-family: "宋体";
}
```

执行效果如图 1.2.45 所示。

另外还需要为其进行链接样式的设置，代码如下：

```
#Footer .blogroll ul li a{
    color:#0c7cbe;
    font-weight: bold;
    text-decoration: none;
}
#Footer .blogroll ul li a:hover{
    color:#0c7cbe;
}
```

执行效果如图 1.2.46 所示。

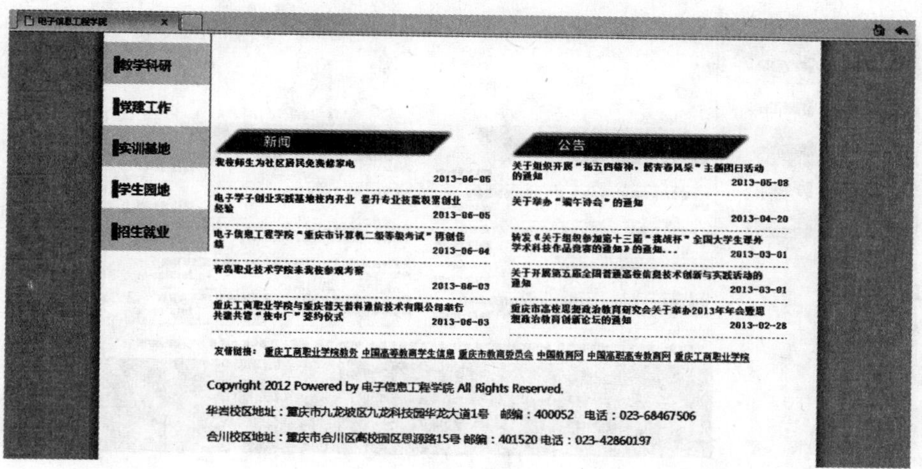

图 1.2.45　将列表设置成横向菜单

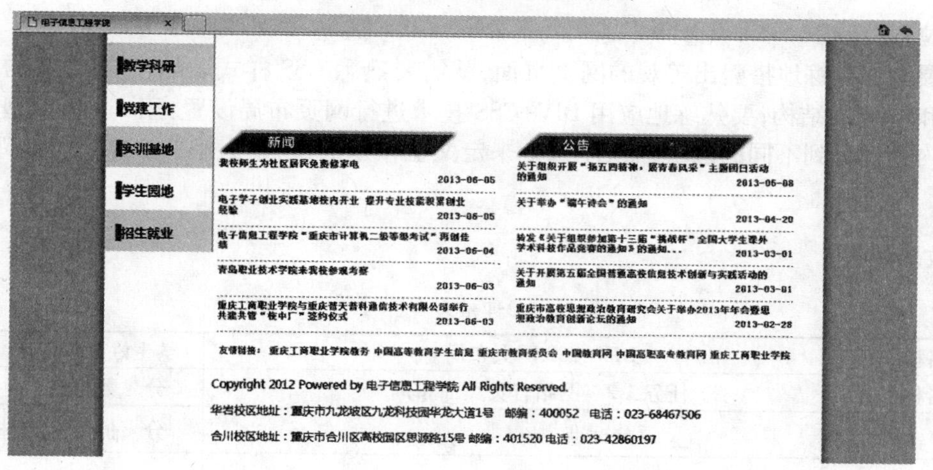

图 1.2.46　设置横向菜单链接样式

最后，还要为其页脚进行背景样式设置，代码如下：

```
#Footer .copyright{
    padding:10px;
    background:#0c7cbe url(imgs/foot-logo.png) no-repeat right;//添加背景色和背景图片
    font-size: 14px;
    color: #FFFFFF;
}
```

执行效果如图 1.2.47 所示。

到此，电子信息工程学院首页页面的布局就全部完成了。

【任务小结】

该任务是用 DIV+CSS 技术对网页进行布局和页面样式设置，最关键的就是要掌握 DIV

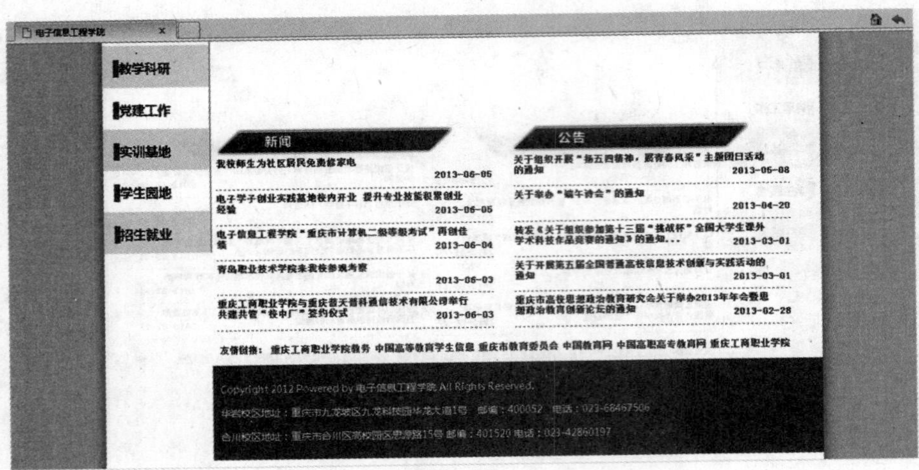

图 1.2.47 设置页脚背景样式

之间的位置控制。

若要能够熟练地搭建出美观的网页页面，就需要熟悉 CSS 样式表的用法、CSS 的常用样式设置和 DIV 的结构；要熟练地应用 DIV+CSS 技术进行网页布局设置：用 div 盒模型结构给各部分内容划分到不同的区块，然后用 css 来定义盒模型的位置、大小、边框、内外边距、排列方式等。

【效果评价】

评价表

项目名称	DIV+CSS 网页布局	学生姓名	
任务名称	任务 1.2 网站首页页面布局	分 数	
评分标准		分 值	考核得分
总体得分			
教师简要评语： 教师签名：			

项目 1 练习题

一、选择题

1.在 CSS 语言中，下列哪一项是"左边框"的语法？（　　）

A.border-left-width：<值>　　B.border-top-width：<值>

C.border-left：<值>　　D.border-top-width：<值>

2.下列哪段代码能够定义所有 P 标签内文字加粗？（　　）

A.<p style="text-size:bold">　　B.<p style="font-size:bold">

C.p {text-size:bold}　　D.p {font-weight:bold}

3.下面哪个是 display 布局中用来设置对象以块显示，并添加新行的？（　　）

A.inline　　B.none　　C.block　　D.compact

4.CSS 样式有哪几种，请选择下列正确的一项？（　　）

A.内样式，内嵌式，链接式，导入式　　B.内连式，链接式，导入式，内样式

C.内嵌式，内连式，导入式，链接式　　D.内样式，内嵌式，链接式，导出式

5.li 元素中包含 img 元素的时候，IE 中 img 下面多出了 5 px 左右的空白，下列哪个处理办法不可行？（　　）

A.使 li 浮动，并设置 img 为块级元素　　B.设置 ul 的 font-size:0;

C.设置 img 的 margin：0;　　D.设置 img 的 margin-bottom：-5px;

二、填空题

1.div 与 span 的区别是________________。

2.CSS 中，盒模型的属性包括 margin、padding 和____________。

3.CSS 中的选择器包括______________。

4.如图 1.2.48 所示为一个 border 为 1 px 的 div 块，总宽度为 215 px（包括 border），阴影区为 padding-left：25 px;，那么此 div 的 width 应设置为________px。

215 px
25 px

图 1.2.48

5.改变元素的外边距用__________，改变元素的内填充用__________。

综合实训 1

实训 1.1　DIV+CSS 布局

<实训描述>

采用 DIV+CSS 技术制作如实训图 1.1 所示的简单页面。

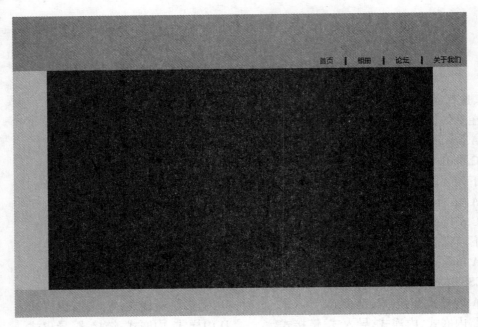

实训图 1.1

<实训说明>

1.页面是上、中、下结构，宽度为 800 px。
2.中间部分嵌套了左右结构的层，宽度分别为 280 px 和 400 px。
3.菜单用无序列表创建，设置 CSS 样式达到效果。

实训 1.2　带间隔的大边框

<实训描述>

使用层叠样式表在网页中实现带间隔的大边框图片。效果如实训图 1.2 所示。

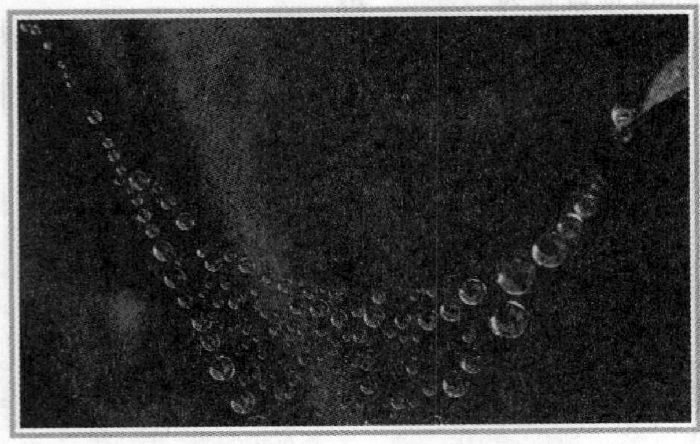

实训图 1.2　带间隔的大边框

<实训说明>

使用 img.double-border 为图片定义双边框。

实训 1.3　圆角矩形

<实训描述>

使用层叠样式表在网页中实现圆角矩形框。效果如实训图 1.3 所示。

实训图 1.3　圆角矩形

<实训说明>

border-radius 属性,向 div 元素添加圆角边框。
前缀:
-moz(例如,-moz-border-radius: 15 px)用于 Firefox;
-webkit(例如,-webkit-border-radius: 15 px;)用于 Safari 和 Chrome。

项目 2

JavaScript 网页特效

【项目描述】

以前学过用<marquee></marquee>标签使得对象滚动，但是它无法使图片实现无缝隙滚动。若需要对象无缝隙滚动，就要采用 DIV+CSS+ JavaScript 来实现。

JavaScript 是目前网页设计中最简单易学并且易用的语言，它能让网页更加生动活泼。利用 JavaScript 做出的网页特效，能大大提高网页的可观性。

【学习目标】

1.了解 JavaScript 基础知识。

2.掌握 JavaScript 的变量、运算符、条件语句、循环语句和 JavaScript 事件。

3.掌握 JavaScript 中的字符串对象、日期对象、数组对象、逻辑对象、算数对象和 RegExp（正则表达式）对象的使用方法。

【能力目标】

1.能够简单地应用 JavaScript 脚本进行程序编写。

2.能够熟练地应用 JavaScript 制作图片特效。

3.能够使用 JavaScript 获取时间并显示。

任务 2.1　制作网站图片无缝隙滚动效果

【任务描述】

采用 DIV+CSS+JavaScript 来实现图片的无缝隙滚动。

图 2.1.1　网站图片无缝隙滚动

【知识准备】

2.1.1　JavaScript 基础

2.1.1.1　JavaScript 简介

在数百万张页面中，JavaScript 被用来改进设计、验证表单、检测浏览器、创建 cookies 等。

JavaScript 是因特网上最流行的脚本语言，并且可在所有主流浏览器中运行，比方说 Internet Explorer、Mozilla、Firefox、Netscape 和 Opera。

(1)什么是 JavaScript?

- JavaScript 被设计用来向 HTML 页面添加交互行为。
- JavaScript 是一种脚本语言(脚本语言是一种轻量级的编程语言)。
- JavaScript 由数行可执行计算机代码组成。
- JavaScript 通常被直接嵌入 HTML 页面。
- JavaScript 是一种解释性语言(代码执行不进行预编译)。
- 所有的人无需购买许可证均可使用 JavaScript。

(2)JavaScript 能做什么?

1)JavaScript 为 HTML 设计师提供了一种编程工具

HTML 创作者往往都不是程序员，但是 JavaScript 却是一种只拥有极其简单语法的脚本语言，几乎每个人都有能力将短小的代码片断放入他们的 HTML 页面当中。

2)JavaScript 可以将动态的文本放入 HTML 页面

类似于这样的一段 JavaScript 声明可以将一段可变的文本放入 HTML 页面：document.write("<h1>" + name + "</h1>")。

3) JavaScript 可以对事件作出响应

可以将 JavaScript 设置为当某事件发生时才会被执行，例如页面载入完成或者当用户点击某个 HTML 元素时。

4) JavaScript 可以读写 HTML 元素

JavaScript 可以读取及改变 HTML 元素的内容。

5) JavaScript 可被用来验证数据

在数据被提交到服务器之前，JavaScript 可被用来验证这些数据。

6) JavaScript 可被用来检测访问者的浏览器

JavaScript 可被用来检测访问者的浏览器，并根据所检测到的浏览器为这个浏览器载入相应的页面。

7) JavaScript 可被用来创建 cookies

JavaScript 可被用来存储和取回位于访问者计算机中的信息。

2.1.1.2 JavaScript 实现

HTML 的<script>标签用于把 JavaScript 插入 HTML 页面当中。

(1) 如何把 JavaScript 放入 HTML 页面

```
<html>
<body>
<script type="text/javascript">
document.write("Hello World!");
</script>
</body>
</html>
```

上面的代码会在 HTML 页面中产生这样的输出：

Hello World!

如果需要把一段 JavaScript 插入 HTML 页面，需要使用 <script> 标签（同时使用 type 属性来定义脚本语言）。这样，<script type="text/javascript"> 和 </script> 就可以告诉浏览器 JavaScript 从何处开始，到何处结束。

```
<html>
<body>
<script type="text/javascript">
…
</script>
</body>
</html>
```

document.write 字段是标准的 JavaScript 命令，用来向页面写入、输出。

把 document.write 命令输入<script type="text/javascript">与</script>之间后，浏览器就会把它当作一条 JavaScript 命令来执行。这样浏览器就会向页面写入"Hello World!"。

注意：如果不使用 <script> 标签，浏览器就会把 document.write("Hello World!") 当作纯文本来处理，也就是说会把这条命令本身写到页面上。

(2)如何与老的浏览器打交道

那些不支持 JavaScript 的浏览器会把脚本作为页面的内容来显示。为了防止这种情况发生,可以使用这样的 HTML 注释标签:

```
<html>
<body>
<script type="text/javascript">
<! --
document.write("Hello World!");
//-->
</script>
</body>
</html>
```

注释行末尾的两个正斜杠是 JavaScript 的注释符号,它会阻止 JavaScript 编译器对这一行的编译。

2.1.1.3 JavaScript 放置

当页面载入时,会执行位于 body 部分的 JavaScript。当被调用时,位于 head 部分的 JavaScript 才会被执行。

(1)head 部分

包含函数的脚本位于文档的 head 部分。这样就可以确保在调用函数前,脚本就已经载入了。

```
<html>
<head>
<script type="text/javascript">
function message()
{
alert("该提示框是通过 onload 事件调用的。")
}
</script>
</head>
<body onload="message()">
</body>
</html>
```

(2)body 部分

执行位于 body 部分的脚本。

```
<html>
<head>
</head>
<body>
<script type="text/javascript">
```

```
document.write("该消息在页面加载时输出。")
</script>
</body>
</html>
```

(3)外部 JavaScript

如何访问外部脚本:

```
<html>
<head>
</head>
<body>
<script src="/js/example_externaljs.js">
</script>
<p>
实际的脚本位于名为 "xxx.js" 的外部脚本中。
</p>
</body>
</html>
```

2.1.1.4 JavaScript 语句

JavaScript 是由浏览器执行的语句序列。

JavaScript 语句是发给浏览器的命令,这些命令的作用是告诉浏览器要做的事情。

下面这个 JavaScript 语句告诉浏览器向网页输出"Hello world":

```
document.write("Hello world");
```

通常要在每行语句的结尾加上一个分号。大多数人都认为这是一个好的编程习惯,而且在 Web 上的 JavaScript 案例中也常常会看到这种情况。

分号是可选的(根据 JavaScript 标准),浏览器把行末作为语句的结尾。正因如此,常常会看到一些结尾没有分号的例子。

注释:通过使用分号,可以在一行中写多条语句。

(1)JavaScript 代码

JavaScript 代码是 JavaScript 语句的序列。浏览器按照编写顺序依次执行每条语句。

以下语句是向网页输出一个标题和两个段落:

```
<script type="text/javascript">
document.write("<h1>This is a header</h1>");
document.write("<p>This is a paragraph</p>");
document.write("<p>This is another paragraph</p>");
</script>
```

(2)JavaScript 代码块

JavaScript 可以分批地组合起来。

代码块以左花括号开始,以右花括号结束。代码块的作用是一并执行语句序列。

下面语句是向网页输出一个标题和两个段落:

```
<script type="text/javascript">
{
document.write("<h1>This is a header</h1>");
document.write("<p>This is a paragraph</p>");
document.write("<p>This is another paragraph</p>");
}
</script>
```

上例的用处不大，仅仅演示了代码块的使用而已。通常，代码块用于在函数或条件语句中把若干语句组合起来（比方说如果条件满足，就可以执行这个语句分组了）。

2.1.1.5　JavaScript 注释

JavaScript 注释可用于增强代码的可读性。

（1）JavaScript 单行注释

单行的注释以 // 开始。

下面语句是用单行注释来解释代码：

```
<script type="text/javascript">
//这行代码输出标题：
document.write("<h1>This is a header</h1>");
//这行代码输出段落：
document.write("<p>This is a paragraph</p>");
document.write("<p>This is another paragraph</p>");
</script>
```

注释放置也可以放在语句的行末，代码如下：

```
<script type="text/javascript">
document.write("Hello"); //输出 "Hello"
document.write("World"); //输出 "World"
</script>
```

（2）JavaScript 多行注释

多行注释以 /＊ 开头，以 ＊/ 结尾。

下面语句是使用多行注释来解释代码：

```
<script type="text/javascript">
/*
下面的代码将输出
一个标题和两个段落
*/
document.write("<h1>This is a header</h1>");
document.write("<p>This is a paragraph</p>");
document.write("<p>This is another paragraph</p>");
</script>
```

(3)使用注释来防止执行

下面语句用注释来阻止一行代码的执行：

```
<script type="text/javascript">
document.write("<h1>This is a header</h1>");
document.write("<p>This is a paragraph</p>");
//document.write("<p>This is another paragraph</p>");
</script>
```

下面语句用注释来阻止若干行代码的执行：

```
<script type="text/javascript">
/*
document.write("<h1>This is a header</h1>");
document.write("<p>This is a paragraph</p>");
document.write("<p>This is another paragraph</p>");
*/
</script>
```

2.1.1.6 JavaScript 变量

还记得在学校里学过的代数吗？当您回忆在学校学过的代数课程时，想到的很可能是：x=1，y=2，z=x+y 等。

这些字母称为变量，变量可用于保存值（x=1）或表达式（z=x+y）。

(1)JavaScript 变量

JavaScript 变量用于保存值或表达式。可以给变量起一个简短名称，比如 x，或者更有描述性的名称，比如 length。

JavaScript 变量也可以保存文本值，比如 carname="Volvo"。

JavaScript 变量名称的规则：

- 变量对大小写敏感(y 和 Y 是两个不同的变量)；
- 变量必须以字母或下划线开始

注意：由于 JavaScript 对大小写敏感，变量名也对大小写敏感。

(2)声明(创建) JavaScript 变量

在 JavaScript 中，创建变量经常被称为“声明”变量。可以通过 var 语句来声明 JavaScript 变量，代码如下：

```
var x;
var carname;
```

(3)向 JavaScript 变量赋值

在以上声明之后，变量并没有值，因此可以在声明它们时向变量赋值，不过在为变量赋文本值时，请为该值加引号：

```
var x=5;
var carname="Volvo";
```

(4)JavaScript 算术

正如代数一样，可以使用 JavaScript 变量来做算术：

y=x-1;

z=y+1;

2.1.1.7 JavaScript 运算符

(1)JavaScript 算术运算符

算术运算符用于执行变量、值之间的算术运算,JavaScript 算术运算符包括 +,-,*,/,%等。执行效果如表 2.1.1 所示(设定 y=2)。

表 2.1.1

运算符	描 述	例 子	结 果
+	加	x=y+2	x=4
-	减	x=y-2	x=0
*	乘	x=y*2	x=4
/	除	x=y/2	x=1
%	求余数(保留整数)	x=y%2	x=0
++	累加	x=++y	x=3
--	递减	x=--y	x=1

(2)JavaScript 赋值运算符

赋值运算符用于给 JavaScript 变量赋值。执行效果如表 2.1.2 所示(设定 x=2 和 y=1)。

表 2.1.2

运算符	例 子	等价于	结 果
=	x=y		x=1
+=	x+=y	x=x+y	x=3
-=	x-=y	x=x-y	x=1
*=	x*=y	x=x*y	x=2
/=	x/=y	x=x/y	x=2
%=	x%=y	x=x%y	x=0

(3)连接运算符"+"

"+"运算符用于把文本值或字符串变量加起来(连接起来)。

如需把两个或多个字符串变量连接起来,可以使用连接运算符"+":

```
txt1="what a wonderful";
txt2="world";
txt3=txt1+txt2;
```

在以上语句执行后,变量 txt3 包含的值是"what a wonderful world"。

2.1.1.8 JavaScript 比较和逻辑运算符

(1)比较运算符

比较运算符在逻辑语句中使用,以测定变量或值是否相等。

设定 x=1,表 2.1.3 解释了比较运算符:

表 2.1.3

运算符	描 述	例 子
==	等于	x==1 为 false
===	全等(值和类型)	x===1 为 true;x==="1" 为 false
!=	不等于	x!=2 为 true
>	大于	x>2 为 false
<	小于	x<2 为 true
>=	大于或等于	x>=2 为 false
<=	小于或等于	x<=2 为 true

(2)逻辑运算符

逻辑运算符用于测定变量或值之间的逻辑。

给定 x=1 以及 y=2,表 2.1.4 解释了逻辑运算符:

表 2.1.4

运算符	描 述	例 子
&&	and	(x <5 && y > 1) 为 true
||	or	(x==5 || y==5)为 false
!	not	!(x==y)为 true

(3)条件运算符

JavaScript 还包含了基于某些条件对变量进行赋值的条件运算符。其语法格式如下:

变量名=(关系表达式)? 表达式 1:表达式 2

求解关系表达式,根据关系表达式的布尔值决定取值:关系表达式的值为 true 时取表达式 1 的值;关系表达式的值为 false 时取表达式 2 的值。

2.1.1.9 if…else 语句

(1)if 语句

如果希望指定的条件成立时执行代码,就可以使用这个语句。语法格式如下:

```
if (条件)
{
条件成立时执行代码
}
```

注意:请使用小写字母。使用大写的 IF 会出错!

例:

```
<script type="text/javascript">
var d=new Date()
```

```
var time=d.getHours()
  if (time<10)
{
document.write("<b>Good morning</b>")
}
</script>
```

(2)if…else 语句

如果希望条件成立时执行一段代码,而条件不成立时执行另一段代码,那么可以使用if…else语句。语法格式如下:

```
if (条件)
{
条件成立时执行此代码
}
else
{
条件不成立时执行此代码
}
```

例:

```
<script type="text/javascript">
var d = new Date()
var time = d.getHours()
  if (time < 10)
{
document.write("Good morning!")
}
else
{
document.write("Good day!")
}
</script>
```

(3)if…else if…else 语句

当需要选择多套代码中的一套来运行时,请使用 if…else if…else 语句。语法格式如下:

```
if (条件 1)
{
条件 1 成立时执行代码
}
else if (条件 2)
{
条件 2 成立时执行代码
```

```
}
else
{
条件 1 和条件 2 均不成立时执行代码
}
```

例：

```
<script type="text/javascript">
var d = new Date()
var time = d.getHours()
if (time<10)
{
document.write("<b>Good morning</b>")
}
else if (time>10 && time<16)
{
document.write("<b>Good day</b>")
}
else
{
document.write("<b>Hello World! </b>")
}
</script>
```

2.1.1.10 JavaScript Switch 语句

如果希望选择执行若干代码块中的一个，可以使用 switch 语句。语法格式如下：

```
switch(n)
  {
  case 1:
    执行代码块 1
    break
  case 2:
    执行代码块 2
    break
  default:
    如果 n 既不是 1 也不是 2，则执行此代码
  }
```

switch 后面的（n）可以是表达式，也可以（通常）是变量。然后表达式中的值会与 case 中的数字作比较，如果与某个 case 相匹配，那么其后的代码就会被执行。

break 的作用是防止代码自动执行到下一行。

例：

```
<script type="text/javascript">
var d=new Date()
theDay=d.getDay()
switch (theDay)
  {
  case 5:
    document.write("Finally Friday")
    break
  case 6:
    document.write("Super Saturday")
    break
  case 0:
    document.write("Sleepy Sunday")
    break
  default:
    document.write("I'm looking forward to this weekend!")
}
</script>
```

2.1.1.11 JavaScript 消息框

在 JavaScript 中可以创建 3 种消息框:警告框、确认框和提示框。

(1)警告框

警告框经常用于确保用户可以得到某些信息。当警告框出现后,用户需要点击确定按钮才能继续进行操作。语法格式如下:

```
alert("文本")
```

例:

```
<html>
<head>
<script type="text/javascript">
function disp_alert()
{
alert("我是警告框!!")
}
</script>
</head>
<body>
<input type="button" onclick="disp_alert()" value="显示警告框" />
</body>
</html>
```

执行效果如图 2.1.2 所示。

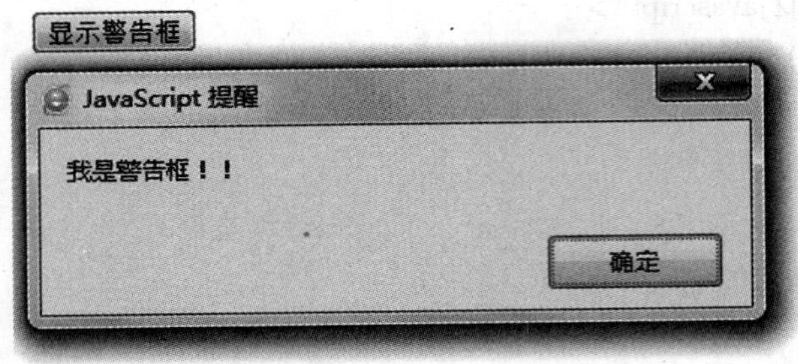

图 2.1.2　警告框

(2)确认框

确认框用于使用户可以验证或者接受某些信息。当确认框出现后,用户需要点击“确定”或者“取消”按钮才能继续进行操作。如果用户点击确认,那么返回值为 true;如果用户点击取消,那么返回值为 false。语法格式如下:

confirm("文本")

例:

```
<html>
<head>
<script type="text/javascript">
function show_confirm()
{
var r=confirm("Press a button!");
if (r==true)
  {
  alert("You pressed OK!");
  }
else
  {
  alert("You pressed Cancel!");
  }
}
</script>
</head>
<body>
<input type="button" onclick="show_confirm()" value="Show a confirm box" />
</body>
</html>
```

试一试:运行以上代码,看看效果如何。

(3)提示框

提示框经常用于提示用户在进入页面前输入某个值。当提示框出现后,用户需要输入某个值,然后点击“确认”或“取消”按钮才能继续操作。如果用户点击确认,那么返回值为输入的值;如果用户点击取消,那么返回值为 null。语法格式如下:

```
prompt("文本","默认值")
```

例:

```
<html>
<head>
<script type="text/javascript">
function disp_prompt()
  {
  var name=prompt("请输入您的名字","Bill Gates")
  if (name! =null && name! ="")
    {
    document.write("你好!" + name + " 今天过得怎么样?")
    }
  }
</script>
</head>
<body>
<input type="button" onclick="disp_prompt()" value="显示提示框" />
</body>
</html>
```

执行效果如图 2.1.3 所示。

图 2.1.3　提示框

点击“确定”按钮,网页上出现“你好! Bill Gates 今天过得怎么样?”字样。

2.1.1.12　JavaScript 函数

JavaScript 函数是由事件驱动的或者当它被调用时执行的可重复使用的代码块。函数包含着一些代码,这些代码只能被事件激活,或者在函数被调用时才会执行。

可以在页面中的任何位置调用脚本(如果函数嵌入一个外部的 .js 文件,那么甚至可以从其他的页面中调用)。

函数在页面起始位置定义,即 <head> 部分。

```
<html>
<head>
<script type="text/javascript">
function displaymessage()
{
alert("Hello World!")
}
</script>
</head>
<body>
<form>
<input type="button" value="Click me!" onclick="displaymessage()" >
</form>
</body>
</html>
```

将脚本编写为函数,就可以避免页面载入时执行该脚本。

假如上面的例子中的 alert("Hello world!")没有被写入函数,那么当页面被载入时它就会执行。现在,当用户点击按钮时,脚本才会执行。我们给按钮添加了 onClick 事件,这样按钮被点击时函数才会执行。

(1)定义函数

创建函数的语法:

```
function 函数名(var1,var2,…,varX)
  {
  代码…
  }
```

var1, var2 等指的是传入函数的变量或值。{ 和 } 定义了函数的开始和结束。

注意:别忘记 JavaScript 中大小写字母的重要性。"function"这个词必须是小写的,否则 JavaScript 就会出错。另外需要注意的是,必须使用大小写完全相同的函数名来调用函数。

(2)return 语句

return 语句用来规定从函数返回的值。因此,需要返回某个值的函数必须使用这个 return 语句。

下面的函数会返回两个数相乘的值(a 和 b):

```
function prod(a,b)
{
x=a*b
return x
}
```

当您调用上面这个函数时,必须传入两个参数:

```
product=prod(2,3)
```

而从 prod() 函数的返回值是 6,这个值会存储在名为 product 的变量中。

(3)JavaScript 变量的生存期

当在函数内声明了一个变量后,就只能在该函数中访问该变量。退出该函数后,这个变量会被撤销。这种变量称为本地变量。在不同的函数中可以使用名称相同的本地变量,这是因为只有声明过变量的函数能够识别其中的每个变量。

如果在函数之外声明了一个变量,则页面上的所有函数都可以访问该变量。这些变量的生存期从声明它们之后开始,在页面关闭时结束。

2.1.1.13 For 循环

JavaScript 中,在脚本的运行次数已确定的情况下使用 for 循环。语法格式如下:

```
for (变量=开始值;变量<=结束值;变量=变量+步进值)
{
    需执行的代码
}
```

例:

```
<html>
<body>
<script type="text/javascript">
var i=0
for (i=0;i<=10;i++)
{
document.write("The number is " + i)
document.write("<br />")
}
</script>
</body>
</html>
```

上面的例子定义了一个循环程序,这个程序中 i 的起始值为 0。每执行一次循环,i 的值就会累加一次 1,循环会一直运行下去,直到 i 等于 10 为止。

执行结果:

The number is 0
The number is 1
The number is 2
The number is 3
The number is 4
The number is 5
The number is 6
The number is 7
The number is 8
The number is 9

The number is 10

2.1.1.14 While 循环

(1) while 循环

JavaScript 中，while 循环用于在指定条件为 true 时循环执行代码。语法格式如下：

```
while (变量<=结束值)
{
    需执行的代码
}
```

除了<=，还可以使用其他的比较运算符。

例：

```
<html>
<body>
<script type="text/javascript">
var i=0
while (i<=10)
{
document.write("The number is " + i)
document.write("<br />")
i=i+1
}
</script>
</body>
</html>
```

上面的例子定义了一个循环程序，这个循环程序的参数 i 的起始值为 0。该程序会反复运行，直到 i 大于 10 为止。i 的步进值为 1。

执行结果：

The number is 0

The number is 1

The number is 2

The number is 3

The number is 4

The number is 5

The number is 6

The number is 7

The number is 8

The number is 9

The number is 10

(2) do…while 循环

do…while 循环是 while 循环的变种。该循环程序在初次运行时会首先执行一遍其中的代码,当指定的条件为 true 时,它会继续这个循环。

所以,do…while 循环执行至少一遍其中的代码,因为其中的代码执行后才会进行条件验证。

语法格式如下:

```
do
{
    需执行的代码
}
while (变量<=结束值)
```

2.1.1.15　Break 和 Continue

(1)Break

break 命令可以终止循环的运行,然后继续执行循环之后的代码(如果循环之后有代码的话)。

例:

```
<html>
<body>
<script type="text/javascript">
var i=0
for (i=0;i<=10;i++)
{
if (i==3){break}
document.write("The number is " + i)
document.write("<br />")
}
</script>
</body>
</html>
```

执行结果:

The number is 0
The number is 1
The number is 2

(2)Continue

continue 命令会终止当前的循环,然后从下一个值继续运行。

例:

```
<html>
<body>
<script type="text/javascript">
var i=0
for (i=0;i<=10;i++)
```

```
{
if (i==3){continue}
document.write("The number is " + i)
document.write("<br />")
}
</script>
</body>
</html>
```

执行结果:

The number is 0
The number is 1
The number is 2
The number is 4
The number is 5
The number is 6
The number is 7
The number is 8
The number is 9
The number is 10

2.1.1.16 for…in 语句

for…in 语句用于遍历数组或者对象的属性(对数组或者对象的属性进行循环操作)。for…in 循环中的代码每执行一次,就会对数组的元素或者对象的属性进行一次操作。语法格式如下:

```
for (变量 in 对象)
{
    在此执行代码
}
```

"变量"用来指定变量,指定的变量可以是数组元素,也可以是对象的属性。

例:

```
<html>
<body>
<script type="text/javascript">
var x
var mycars = new Array()
mycars[0] = "Saab"
mycars[1] = "Volvo"
mycars[2] = "BMW"
for (x in mycars)
{
```

```
document.write(mycars[x] + "<br />")
}
</script>
</body>
</html>
```

2.1.1.17　JavaScript 事件

(1)事件

JavaScript 使我们有能力创建动态页面。事件是可以被 JavaScript 侦测到的行为。网页中的每个元素都可以产生某些可以触发 JavaScript 函数的事件。比方说,可以在用户点击某按钮时产生一个 onClick 事件来触发某个函数。事件在 HTML 页面中定义。

网页常用事件:

- 鼠标点击
- 页面或图像载入
- 鼠标悬浮于页面的某个热点之上
- 在表单中选取输入框
- 确认表单
- 键盘按键

注意:事件通常与函数配合使用,当事件发生时函数才会执行。

(2)onload 和 onUnload

当用户进入或离开页面时就会触发 onload 和 onUnload 事件。

onload 事件常用来检测访问者的浏览器类型和版本,然后根据这些信息载入特定版本的网页。onload 和 onUnload 事件也常被用来处理用户进入或离开页面时所建立的 cookies。

例如,当某用户第一次进入页面时,可以使用消息框来询问用户的姓名。姓名会保存在 cookie 中。当用户再次进入这个页面时,你可以使用另一个消息框来和这个用户打招呼:"Welcome!"。

(3)onFocus, onBlur 和 onChange

onFocus、onBlur 和 onChange 事件通常相互配合用来验证表单。

下面是一个使用 onChange 事件的例子。用户一旦改变了域的内容,checkEmail() 函数就会被调用。

```
<input type="text" size="30" id="email" onchange="checkEmail()">
```

(4)onSubmit

onSubmit 用于在提交表单之前验证所有的表单域。

下面是一个使用 onSubmit 事件的例子。当用户单击表单中的确认按钮时,checkForm() 函数就会被调用。假若域的值无效,此次提交就会被取消。checkForm() 函数的返回值是 true 或者 false。如果返回值为 true,则提交表单,反之取消提交。

```
<form method="post" action="xxx.htm" onsubmit="return checkForm()">
```

(5)onMouseOver 和 onMouseOut

onMouseOver 和 onMouseOut 用来创建"动态的"按钮。

下面是一个使用 onMouseOver 事件的例子。当 onMouseOver 事件被脚本侦测到时,就会弹出一个警告框：

```
<a href="http://www.baidu.com "
onmouseover="alert('An onMouseOver event');return false">
<img src="1.gif" width="100" height="30">
</a>
```

(6) JavaScript 计时事件

通过使用 JavaScript，我们有能力做到在一个设定的时间间隔之后来执行代码，而不是在函数被调用后立即执行。我们称之为计时事件。

1) setTimeout()

setTimeout() 方法用于在指定的毫秒数后调用函数或计算表达式。语法格式如下：

var t=setTimeout("javascript 语句",毫秒)

setTimeout()方法会返回某个值。在上面的语句中，值被储存在名为 t 的变量中。假如希望取消这个 setTimeout()，可以使用这个变量名来指定它。

setTimeout()的第一个参数是含有 JavaScript 语句的字符串。这个语句可能诸如"alert('5 seconds!')"，或者对函数的调用，诸如"alertMsg()"。

第二个参数指示从当前起多少毫秒后执行第一个参数。

当下面这个例子中的按钮被点击时，一个提示框会在 5 秒后弹出：

```
<html>
<head>
<script type="text/javascript">
function timedMsg()
  {
var t=setTimeout("alert('5 seconds!')",5000)
  }
</script>
</head>
<body>
<form>
<input type="button" value="Display timed alertbox!" onClick="timedMsg()">
</form>
</body>
</html>
```

执行效果如图 2.1.4 所示。

setTimeout()只执行 code 一次。如果要多次调用，请使用 setInterval() 或者让 code 自身再次调用 setTimeout()。

要创建一个运行于无穷循环中的计时器，需要编写一个函数来调用其自身。在下面的例子中，当按钮被点击后，输入域便从 0 开始计数。

显示定时的警告框

请点击上面的按钮。警告框会在 5 秒后显示。

图 2.1.4　setTimeout( )方法

例：

```
<html>
<head>
<script type="text/javascript">
var c=0
var t
function timedCount( )
{
document.getElementById('txt').value=c
c=c+1
t=setTimeout("timedCount( )",1000)
}
</script>
</head>
<body>
<form>
<input type="button" value="开始计时!" onClick="timedCount( )">
<input type="text" id="txt">
</form>
<p>请点击上面的按钮。输入框会从 0 开始一直进行计时。</p>
</body>
</html>
```

执行效果如图 2.1.5 所示。

开始计时! 6

请点击上面的按钮。输入框会从 0 开始一直进行计时。

图 2.1.5　setTimeout( )无穷循环

2) clearTimeout( )

clearTimeout( )方法可取消由 setTimeout( ) 方法设置的 timeout。语法格式如下：

clearTimeout(setTimeout_variable)

参数 setTimeout_variable 是由 setTimeout() 返回的 ID 值。该值标识要取消的延迟执行代码块。

下面的例子和上面的无穷循环的例子相似。唯一的不同是，现在添加了一个“Stop Count!”按钮来停止这个计数器(点击计数按钮后根据用户输入的数值开始倒计时，点击停止按钮停止计时)。

例：

```
<html>
<head>
<script type="text/javascript">
var c=0
var t
function timedCount()
{
document.getElementById('txt').value=c
c=c+1
t=setTimeout("timedCount()",1000)
}
function stopCount()
{
clearTimeout(t)
}
</script>
</head>
<body>
<form>
<input type="button" value="开始计时!" onClick="timedCount()">
<input type="text" id="txt">
<input type="button" value="停止计时!" onClick="stopCount()">
</form>
<p>请点击上面的“开始计时”按钮来启动计时器。输入框会一直进行计时，从0开始。
点击“停止计时”按钮可以终止计时。</p>
</body>
</html>
```

执行效果如图 2.1.6 所示。

开始计时!　4　停止计时!

请点击上面的“开始计时”按钮来启动计时器。输入框会一直进行计时，从 0 开始。点击“停止计时”按钮可以终止计时。

图 2.1.6　clearTimeout()方法

2.1.1.18 JavaScript 特殊字符

在 JavaScript 中,使用反斜杠来向文本字符串添加特殊字符。

```
var txt="We are the so-called "Vikings" from the north."
document.write(txt)
```

在 JavaScript 中,字符串使用单引号或者双引号来起始或者结束。这意味着上面的字符串将被截为:We are the so-called。

要解决这个问题,就必须把在"Viking"中的引号前面加上反斜杠(\)。这样就可以把每个双引号转换为字面上的字符串。

```
var txt="We are the so-called \"Vikings\" from the north."
document.write(txt)
```

现在 JavaScript 就可以输出正确的文本字符串了:We are the so-called "Vikings" from the north。

这是另一个例子:

```
document.write ("You\& me are singing!")
```

上面的例子会产生以下输出:

You & me are singing!

表2.1.5列出了其余的特殊字符,这些特殊字符都可以使用反斜杠来添加到文本字符串中。

表2.1.5

代　码	输　出
\'	单引号
\"	双引号
\&	和号
\\	反斜杠
\n	换行符
\r	回车符
\t	制表符
\b	退格符
\f	换页符

2.1.1.19 JavaScript 指导方针

(1)JavaScript 对大小写敏感

名为"myfunction"的函数和名为"myFunction"的函数是两个不同的函数,同样,变量"myVar"和变量"myvar"也是不同的。所以当创建或使用变量、对象及函数时,请注意字符的大小写。

同时,JavaScript 会忽略多余的空格。所以可以在代码中添加适当的空格,使得代码的可读性更强。下面两行代码是等效的:

```
name="Hege"
name = "Hege"
```

(2)换行

可以在文本字符串内部使用反斜杠对代码进行折行。下面的例子是正确的：

```
document.write("Hello \
World!")
```

但是不能像这样折行：

```
document.write \
("Hello World!")
```

2.1.2 JavaScript 对象

2.1.2.1 JavaScript 对象简介

(1)面向对象编程

JavaScript 是面向对象的编程语言（OOP）。OOP 语言使用户有能力定义自己的对象和变量类型。

JavaScript 对象只是一种特殊的数据。对象拥有属性和方法。

(2)属性

属性指与对象有关的值。

下面的例子使用字符串对象的长度属性来计算字符串中的字符数目。

```
<script type="text/javascript">
var txt="Hello World!"
document.write(txt.length)
</script>
```

执行结果：

12

(3)方法

方法指对象可以执行的行为(或者可以完成的功能)。

下面的例子使用字符串对象的 toUpperCase( ) 方法来显示大写字母文本。

```
<script type="text/javascript">
var str="Hello world!"
document.write(str.toUpperCase())
</script>
```

执行结果：

HELLO WORLD!

2.1.2.2 JavaScript 字符串(String)对象

String 对象用于处理已有的字符块。

例 2.1.1 为字符串添加样式。

```
<html>
<body>
<script type="text/javascript">
var txt="Hello World!"
document.write("<p>Big: " + txt.big() + "</p>")
```

```
document.write("<p>Small：" + txt.small() + "</p>")
document.write("<p>Bold：" + txt.bold() + "</p>")
document.write("<p>Italic：" + txt.italics() + "</p>")
document.write("<p>Blink：" + txt.blink() + "（does not work in IE)</p>")
document.write("<p>Fixed：" + txt.fixed() + "</p>")
document.write("<p>Strike：" + txt.strike() + "</p>")
document.write("<p>Fontcolor：" + txt.fontcolor("Red") + "</p>")
document.write("<p>Fontsize：" + txt.fontsize(16) + "</p>")
document.write("<p>Lowercase：" + txt.toLowerCase() + "</p>")
document.write("<p>Uppercase：" + txt.toUpperCase() + "</p>")
document.write("<p>Subscript：" + txt.sub() + "</p>")
document.write("<p>Superscript：" + txt.sup() + "</p>")
document.write("<p>Link：" + txt.link("http://www.w3school.com.cn") + "</p>")
</script>
</body>
</html>
```

执行结果如图 2.1.7 所示。

Big: Hello World!

Small: Hello World!

Bold: **Hello World!**

Italic: *Hello World!*

Blink: Hello World! (does not work in IE)

Fixed: Hello World!

Strike: ~~Hello World!~~

Fontcolor: Hello World!

Fontsize: Hello World!

Lowercase: hello world!

Uppercase: HELLO WORLD!

Subscript: Hello World!

Superscript: Hello World!

Link: Hello World!

图 2.1.7 为字符串添加样式

例 2.1.2 使用 indexOf( ) 来定位字符串中某一个指定的字符首次出现的位置。

```
<html>
```

```
<body>
<script type="text/javascript">
var str="Hello world!"
document.write(str.indexOf("Hello") + "<br />")
document.write(str.indexOf("World") + "<br />")
document.write(str.indexOf("world"))
</script>
</body>
</html>
```

```
0
-1
6
```

图 2.1.8 indexOf()方法

执行结果如图 2.1.8 所示。

例 2.1.3 使用 match()来查找字符串中特定的字符,如果找到的话,则返回这个字符。

```
<html>
<body>
<script type="text/javascript">
var str="Hello world!"
document.write(str.match("world") + "<br />")
document.write(str.match("World") + "<br />")
document.write(str.match("worlld") + "<br />")
document.write(str.match("world!"))
</script>
</body>
</html>
```

```
world
null
null
world!
```

图 2.1.9 match()方法

执行结果如图 2.1.9 所示。

例 2.1.4 使用 replace() 方法在字符串中用某些字符替换另一些字符。

```
<html>
<body>
<script type="text/javascript">
var str="Visit Microsoft!"
document.write(str.replace(/Microsoft/,"微软"))
</script>
</body>
</html>
```

```
Visit 微软!
```

图 2.1.10 replace()方法

执行结果如图 2.1.10 所示。

2.1.2.3 JavaScript Date(日期)对象

(1)定义日期

Date 对象用于处理日期和时间。可以通过 new 关键词来定义 Date 对象。以下代码定义

了名为 myDate 的 Date 对象:

```
var myDate=new Date()
```

注意:Date 对象自动使用当前的日期和时间作为其初始值。

(2)操作日期

通过使用针对日期对象的方法,我们可以很容易地对日期进行操作。

下面的例子中,我们为日期对象设置了一个特定的日期(2014 年 2 月 2 日):

```
var myDate=new Date()
myDate.setFullYear(2014,1,9)
```

注意:表示月份的参数介于 0 与 11 之间。也就是说,如果希望把月份设置为 2 月,则参数应该是 1。

在下面的例子中,我们将日期对象设置为 5 天后的日期:

```
var myDate=new Date()
myDate.setDate(myDate.getDate()+5)
```

注意:如果增加天数会改变月份或者年份,那么日期对象会自动完成这种转换。

(3)比较日期

日期对象也可用于比较两个日期。

下面的代码将当前日期与 2013 年 8 月 9 日作比较:

```
var myDate=new Date();
myDate.setFullYear(2013,7,9);
var today = new Date();
if (myDate>today)
{
alert("Today is before 9th August 2013");
}
else
{
alert("Today is after 9th August 2008");
}
```

试一试:执行以下各例中的代码,观察结果如何。

例 2.1.5　使用 Date()方法获得当前日期。

```
<html>
<body>
<script type="text/javascript">
document.write(Date())
</script>
</body>
```

```
</html>
```

例 2.1.6　使用 setFullYear( ) 设置具体的日期。

```
<html>
<body>
<script type="text/javascript">
var d = new Date( )
d.setFullYear(1992,10,10)
document.write(d)
</script>
</body>
</html>
```

例 2.1.7　使用 toUTCString( ) 将当日的日期(根据 UTC)转换为字符串。

```
<html>
<body>
<script type="text/javascript">
var d = new Date( )
document.write (d.toUTCString( ))
</script>
</body>
</html>
```

例 2.1.8　使用 getDay( )和数组来显示星期。

```
<html>
<body>
<script type="text/javascript">
var d=new Date( )
var weekday=new Array(7)
weekday[0]="星期日"
weekday[1]="星期一"
weekday[2]="星期二"
weekday[3]="星期三"
weekday[4]="星期四"
weekday[5]="星期五"
weekday[6]="星期六"
document.write("今天是" + weekday[d.getDay( )])
</script>
</body>
```

```
</html>
```

2.1.2.4 JavaScript Array(数组)对象

(1)定义数组

数组对象用来在单独的变量名中存储一系列的值。我们使用关键词 new 来创建数组对象。

下面的代码定义了一个名为 myArray 的数组对象：

```
var myArray=new Array()
```

有两种向数组赋值的方法(可以添加任意多的值,就像可以定义任意多的变量一样)。

1)方法 1

```
var mycars=new Array()
mycars[0]="Saab"
mycars[1]="Volvo"
mycars[2]="BMW"
```

也可以使用一个整数自变量来控制数组的容量：

```
var mycars=new Array(3)
mycars[0]="Saab"
mycars[1]="Volvo"
mycars[2]="BMW"
```

2)方法 2

```
var mycars=new Array("Saab","Volvo","BMW")
```

注意:如果需要在数组内指定数值或者逻辑值,那么变量类型应该是数值变量或者布尔变量,而不是字符变量。

(2)访问数组

通过指定数组名以及索引号码,可以访问某个特定的元素。

代码如下：

```
document.write(mycars[0])
```

执行效果如下：

Saab

(3)修改已有数组中的值

如需修改已有数组中的值,只要向指定下标号添加一个新值即可,代码如下：

```
mycars[0]="Opel";
document.write(mycars[0]);
```

执行效果如下：

Opel

试一试:执行以下例子中的代码,观察结果如何。

例 2.1.9 合并两个数组——concat()。

```
<html>
<body>
<script type="text/javascript">
var arr = new Array(3)
arr[0] = "George"
arr[1] = "John"
arr[2] = "Thomas"
var arr2 = new Array(3)
arr2[0] = "James"
arr2[1] = "Adrew"
arr2[2] = "Martin"
document.write(arr.concat(arr2))
</script>
</body>
</html>
```

例 2.1.10　用数组的元素组成字符串——join()。

```
<html>
<body>
<script type="text/javascript">
var arr = new Array(3);
arr[0] = "George"
arr[1] = "John"
arr[2] = "Thomas"
document.write(arr.join());
document.write("<br />");
document.write(arr.join("."));
</script>
</body>
</html>
```

例 2.1.11　文字数组——sort()。

```
<html>
<body>
<script type="text/javascript">
var arr = new Array(6)
arr[0] = "George"
arr[1] = "John"
arr[2] = "Thomas"
arr[3] = "James"
```

```
arr[4] = "Adrew"
arr[5] = "Martin"
document.write(arr + "<br />")
document.write(arr.sort())
</script>
</body>
</html>
```

例 2.1.12　数字数组——sort()。

```
<html>
<body>
<script type="text/javascript">
function sortNumber(a, b)
{
return a-b
}
var arr = new Array(6)
arr[0] = "10"
arr[1] = "5"
arr[2] = "40"
arr[3] = "25"
arr[4] = "1000"
arr[5] = "1"
document.write(arr + "<br />")
document.write(arr.sort(sortNumber))
</script>
</body>
</html>
```

2.1.2.5　JavaScript Math(算数)对象

(1)Math 对象

Math(算数)对象的作用是执行普通的算数任务。Math 对象提供多种算数值类型和函数。无需在使用这个对象之前对它进行定义。

JavaScript 提供 8 种可被 Math 对象访问的算数值:

- 常数;
- 圆周率;
- 2 的平方根;
- 1/2 的平方根;
- 2 的自然对数;
- 10 的自然对数;
- 以 2 为底的 e 的对数;

- 以 10 为底的 e 的对数。

这是在 JavaScript 中使用这些值的方法:(与上面的算数值一一对应)

- Math.E;
- Math.PI;
- Math.SQRT2;
- Math.SQRT1_2;
- Math.LN2;
- Math.LN10;
- Math.LOG2E;
- Math.LOG10E。

(2)函数(方法)

1)round()方法

Math 对象的 round() 方法对一个数进行四舍五入。

例:

```
<html>
<body>
<script type="text/javascript">
document.write(Math.round(0.60) + "<br />")
document.write(Math.round(0.50) + "<br />")
document.write(Math.round(0.49) + "<br />")
document.write(Math.round(-4.40) + "<br />")
document.write(Math.round(-4.60))
</script>
</body>
</html>
```

执行结果如图 2.1.11 所示。

```
1
1
0
-4
-5
```

图 2.1.11 round()方法

2)random()方法

Math 对象的 random()方法用来返回一个介于 0 和 1 之间的随机数。

例:

```
<html>
<body>
<script type="text/javascript">
document.write(Math.random()+" ; ");
document.write(Math.random()+" ; ");
document.write(Math.random()+" . ");
</script>
</body>
</html>
```

执行结果如图 2.1.12 所示。

0.5456565234344453 ; 0.613621378550306 ; 0.29868235252797604 .

图 2.1.12　random ( )方法

3) max( )方法

Math 对象的 max( )方法用来返回两个给定数中的较大数。

```
<html>
<body>
<script type="text/javascript">
document.write(Math.max(5,7) + "<br />")
document.write(Math.max(-3,5) + "<br />")
document.write(Math.max(-3,-5) + "<br />")
document.write(Math.max(7.25,7.30))
</script>
</body>
</html>
```

执行结果如图 2.1.13 所示。

7
5
-3
7.3

图 2.1.13　max( )方法

4) min( )方法

Math 对象的 min( )方法用来返回两个给定数中的较小数。

```
<html>
<body>
<script type="text/javascript">
document.write(Math.min(5,7) + "<br />")
document.write(Math.min(-3,5) + "<br />")
document.write(Math.min(-3,-5) + "<br />")
document.write(Math.min(7.25,7.30))
</script>
</body>
</html>
```

执行结果如图 2.1.14 所示。

5
-3
-5
7.25

图 2.1.14　min( )方法

【任务实施】

采用 DIV+CSS+ JavaScript 来实现图片的无缝隙滚动,关键步骤如下:

(1) 创建层

新建文件 imgs.html。为网页添加一个<div></div>,取名 demo。根据任务 1.2 中图片区域大小设置 demo 层的宽度和高度。代码如下:

```
<div id=demo style='overflow:hidden;height:300px;width:850px;'>
</div>
```

overflow:hidden 这个 CSS 样式是大家常用到的 CSS 样式,之前讲过它可以清除浮动,这里它的作用好似隐藏溢出。

(2)添加图片

首先在 demo 层中添加一个 1 行 2 列的表格,单元格分别取名 demo1、demo2。代码如下:

```
<table width="850" height="300" border="0" cellpadding="0" cellspacing="0">
    <tr valign="middle">
        <td id="demo1"></td>
        <td id="demo2"></td>
    </tr>
</table>
```

然后在 id="demo1"的单元格插入含有图片对象的表格。代码如下:

```
<table width="100%" border="0" align="center" cellpadding="0" cellspacing="0">
    <tr>
        <td ><a href="#"><img src="imgs/scroll.jpg" width="420"
height="300" border="0" /></a></td>
        <td ><a href="#"><img src="imgs/scrol2.JPG" width="420" height="300"
border="0" /></a></td>
    </tr>
</table>
```

(3)添加 JavaScript 代码

图片布局完成之后,就需要添加 JavaScript 代码对其进行控制,实现无缝向左滚动的效果。代码如下:

```
<script type="text/javascript">
  var speed=20;            //设定速度
  demo2.innerHTML=demo1.innerHTML ;
  function Marquee(){
  if(demo2.offsetWidth-demo.scrollLeft<=0)
  demo.scrollLeft-=demo2.offsetWidth ;
  else{
  demo.scrollLeft++;
  }
  }
  var MyMar=setInterval(Marquee,speed) ;            //设置定时器
  demo.onmouseover=function(){clearInterval(MyMar);}
//鼠标经过时清除定时器达到滚动停止的目的
  demo.onmouseout=function(){MyMar=setInterval(Marquee,speed);}
//鼠标移开时重设定时器
</script>
```

代码注释:

var speed=20;

设定滚动速度,数字越大,速度越慢 。

demo2.innerHTML=demo1.innerHTML;

克隆 demo1 为 demo2，即把 demo1 标签里的脚步赋值于 demo2 。对于 innerHTML 属性，它是一个字符串，用来设置或获取位于对象起始和结束标签内的 HTML。

if(demo2.offsetWidth-demo.scrollLeft<=0)

当滚动至 demo1 与 demo2 交界时。

demo.scrollLeft-=demo2.offsetWidth;

demo 跳到最顶端，回到 demo1 重新开始。

demo.scrollLeft++;

控制左滚。

var MyMar=setInterval(Marquee, speed);

设置定时器。

demo.onmouseover=function( ) {clearInterval(MyMar);}

鼠标经过时清除定时器达到滚动停止的目的。

demo.onmouseout=function( ) {MyMar=setInterval(Marquee, speed);}

鼠标移开时重设定时器。

其中：

offsetWidth：控件本身的实际宽度。

offsetHeigth：控件本身的高度。

offsetTop：控件距离窗口顶端的距离。

offsetLeft：控件距离窗口左边界的距离。

scrollLeft：设置或获取位于对象左边界和窗口中目前可见内容的最左端之间的距离，简单说就是左滚动偏移距离。

scrollwidth：控件的滚动宽度。

scrollHeigth：控件的滚动高度。

scrollTop：上滚动偏移距离。

obj.offsetWidth：obj 控件自身的绝对宽度，不包括因 overflow 而未显示的部分，也就是其实际占据的宽度，整型，单位像素。

setInterval( )方法可按照指定的周期(以毫秒计)来调用函数或计算表达式。setInterval( )方法会不停地调用函数，直到 clearInterval( ) 被调用或窗口被关闭。由 setInterval( ) 返回的 ID 值可用作 clearInterval( ) 方法的参数。

(4)添加浮动框架

打开文件 1.2.htm，在<div class="imgs"></div>中添加浮动框架，将其制作的图片滚动效果的页面链接过来，代码如下：

```
<div  class="imgs">
<iframe src="imgs.html" width="850" height="300" frameborder="0" scrolling="no">
</iframe>
</div>
```

到此，电子信息工程学院首页图片无缝滚动的效果就完成了。执行效果如图 2.1.15 所示。

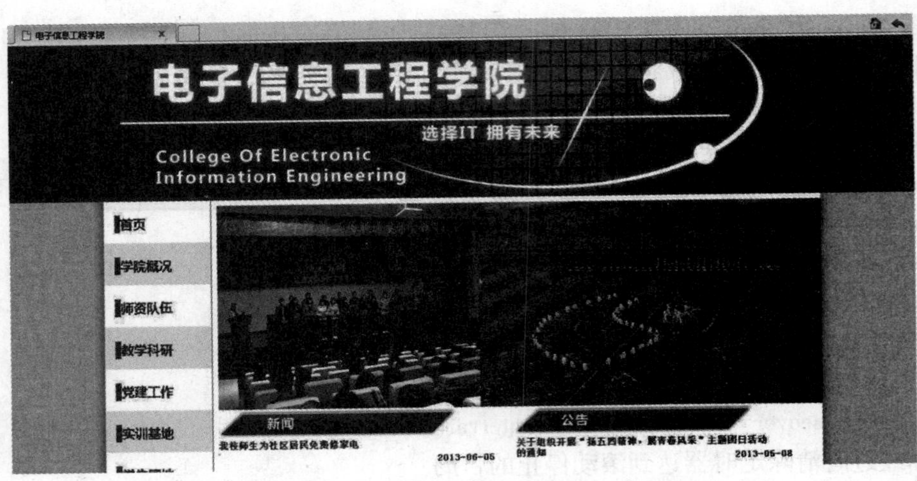

图 2.1.15　电子信息工程学院首页图片无缝滚动效果

【任务小结】

该任务是用 JavaScript 编程实现图片无缝滚动的效果。从这个任务的 JavaScript 来看，所涉及的 JavaScript 方法和属性并不多。但是我们要熟练地掌握 JavaScript 的变量、运算符、条件语句、循环语句、JavaScript 事件、字符串对象、日期对象、数组对象、逻辑对象、算数对象的使用方法，才能制作出精美的网页特效。

【效果评价】

评价表

项目名称	JavaScript 网页特效	学生姓名	
任务名称	任务 2.1　制作网站图片无缝滚动效果	分　数	
评分标准		分　值	考核得分
总体得分			
教师简要评语： 教师签名：			

任务 2.2　制作图片相册播放效果

【任务描述】

使用 JavaScript 来实现图片切换,类似相册播放效果,如图 2.2.1 所示。

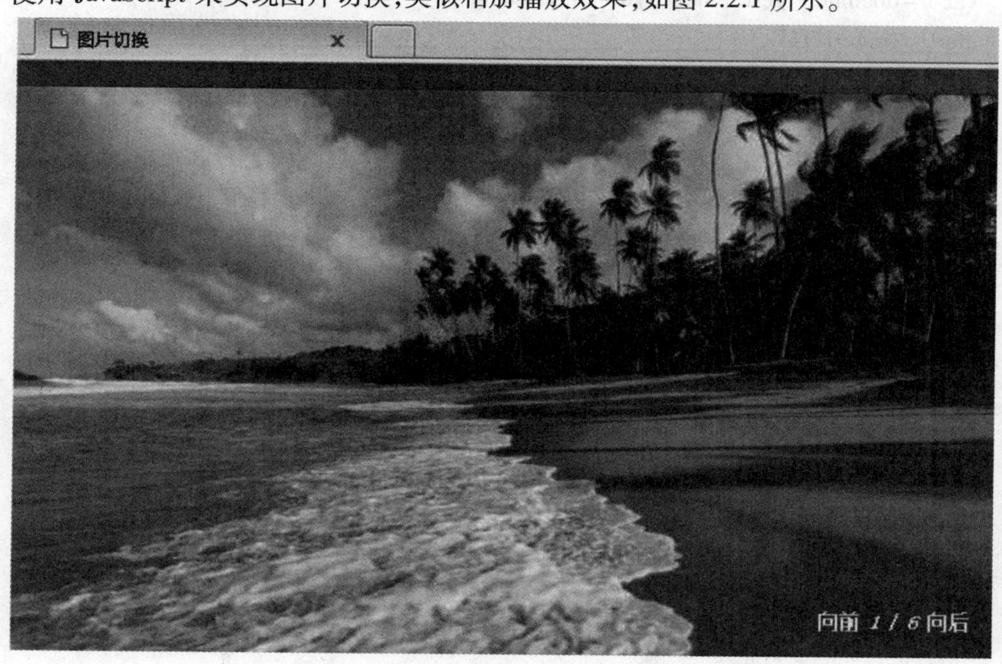

图 2.2.1　图片切换

【知识准备】(本例涉及的 JavaScript 语法)

2.2.1　getElementById( ) 方法

(1)定义和用法

getElementById( )方法是一个重要的方法,在 DOM 程序设计中,它的使用非常常见。

getElementById( )可以访问 document 中某一设置的 id 的第一个对象的特殊元素。语法格式如下:

document.getElementById(id)

HTML DOM 定义了多种查找元素的方法,除了 getElementById( ) 之外,还有 getElementsByName( ) 和 getElementsByTagName( )。

不过,如果需要查找文档中的一个特定的元素,最有效的方法是 getElementById( )。

在操作文档的一个特定的元素时,最好给该元素一个 id 属性,为它指定一个(在文档中)唯一的名称,然后就可以用该 ID 查找想要的元素。

(2)实例

```
<html>
<head>
<script type="text/javascript">
function getValue()
  {
  var x=document.getElementById("myHeader")
  alert(x.innerHTML)
  }
</script>
</head>
<body>
<h1 id="myHeader" onclick="getValue()">这是标题</h1>
<p>点击标题,会提示出它的值。</p>
</body>
</html>
```

执行效果如图 2.2.2 所示。

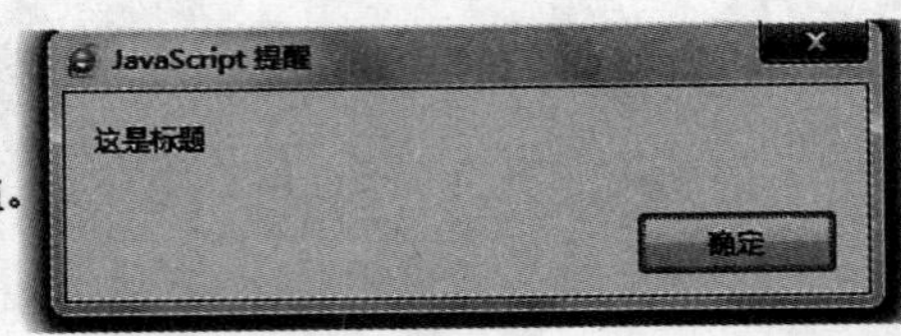

图 2.2.2　getElementById()方法

2.2.2　getElementsByTagName()方法

(1)定义和用法

getElementsByTagName()方法可返回带有指定标签名的对象的集合。语法格式如下:

document.getElementsByTagName(tagname)

如果把特殊字符串"*"传递给 getElementsByTagName()方法,它将返回文档中所有元素的列表,元素排列的顺序就是它们在文档中的顺序。

getElementsByTagName()可被用于任何的 HTML 元素,通过查找整个 HTML 文档中的任何 HTML 元素传回指定名称的元素集合。

注意:传递给 getElementsByTagName()方法的字符串可以不区分大小写。

(2)实例

```
<html>
<head>
<script type="text/javascript">
function getElements()
```

```
  {
  var x=document.getElementsByTagName("input");
  alert(x.length);
  }
</script>
</head>
<body>

<input name="myInput" type="text" size="20" /><br />
<input name="myInput" type="text" size="20" /><br />
<input name="myInput" type="text" size="20" /><br />
<br />
<input type="button" onclick="getElements()" value="How many input elements?" />
</body>
</html>
```

执行效果如图 2.2.3 所示。

图 2.2.3 getElementsByTagName()方法

2.2.3 clearTimeout()方法

clearTimeout()方法的使用方法在前面的章节已经详细讲解过，这里简单地回顾一下。clearTimeout()方法可取消由 setTimeout() 方法设置的 timeout。语法格式如下：

clearTimeout(setTimeout_variable)

参数 setTimeout_variable 是由 setTimeout() 返回的 ID 值。该值标识要取消的延迟执行的代码块。

2.2.4 Math.ceil()方法

Math.ceil()方法的语法格式如下：

Math.ceil(x)

Math.ceil(x)的返回值为最接近的较大整数。

例：

```
Math.ceil(12.2)    //返回 13
Math.ceil(12.7)    //返回 13
Math.ceil(12.0)    //返回 12
```

2.2.5 cloneNode( ) 方法

(1)定义和用法

cloneNode( )方法创建指定节点的精确拷贝。此方法返回被克隆的节点,语法格式如下:

cloneNode(include_all)

表 2.2.1

参 数	描 述
include_all	必需。如果这个布尔参数设置为 true,被克隆的节点会复制原始节点的所有子节点。

(2)实例

只要有一个 html 的模板,就可以用 cloneNode 方法对已有的节点进行克隆,包括其子节点。首先创建 html 文档,代码如下:

```
<html>
<head>
<title>cloneNode Method</title>
</head>
<body>
<div id="main">
<div id="div-0">
<span>JIM said, </span>
<span>"Hello World!!!"</span>
</div>
</div>
</body>
</html>
```

执行效果如图 2.2.4 所示。

JIM said, "Hello World!!!"

图 2.2.4 创建文档

添加 JavaScript 代码,代码如下:

```
<html>
<head>
<title>Test of cloneNode Method</title>
<script type="text/javascript">
window.onload = function () {
var sourceNode = document.getElementById("div-0"); //获得被克隆的节点对象
for (var i = 1; i < 5; i++) {
var clonedNode = sourceNode.cloneNode(true); //克隆节点
```

```
clonedNode.setAttribute("id", "div-" + i); //修改一下 id 值,避免 id 重复
sourceNode.parentNode.appendChild(clonedNode); //在父节点插入克隆的节点
}
}
</script>
</head>
<body>
<div id="main">
<div id="div-0">
<span>JIM said, </span>
<span>"Hello World!!!"</span>
</div>
</div>
</body>
</html>
```

执行效果如图 2.2.5 所示。

```
JIM said, "Hello World!!!"
JIM said, "Hello World!!!"
JIM said, "Hello World!!!"
JIM said, "Hello World!!!"
JIM said, "Hello World!!!"
```

图 2.2.5　cloneNode( ) 方法

试一试:

1.当把 cloneNode 的参数设为 false 的时候,仅仅 div-0 这个节点本身被克隆,而他的子节点(即其内容)是没有被复制的。将参数修改成 false,看看运行结果如何。

2.删除代码<div id="main">,看看运行结果如何。

3.修改克隆对象为:var sourceNode = document.getElementById("main"); ,看看运行结果如何。

通过以上的例子,同学们便会深刻地理解 cloneNode( )方法的使用。

【任务实施】

使用 JavaScript 来实现图片切换,类似相册播放效果。关键步骤如下:

(1)添加图片

采取列表的形式来添加图片,代码如下:

```
<div class="column">
  <div class="photo" id="photo">
    <ul class="clear" id="photo-sub" style="width:2944px">
      <li>
```

```
            <a href="#" title="01" target="_blank">
              <img src="imgs/01.jpg" alt="" width="665" height="414" />
            </a>
          </li>
          <li>
            <a href="#" title="02" target="_blank">
              <img src="imgs/02.jpg" alt="" width="666" height="414" />
            </a>
          </li>
          <li>
            <a href="#" title="03" target="_blank">
              <img src="imgs/03.jpg" alt="" width="664" height="415" />
            </a>
          </li>
          <li>
            <a href="#" title="04" target="_blank">
              <img src="imgs/04.jpg" alt="" width="666" height="414" />
            </a>
          </li>
        </ul>
      <div class="step" id="step-num">
        <span>向前</span><em>1</em>/<em>3</em><span>向后</span></div>
      </div>
    </div>
```

执行效果如图 2.2.6 所示。

(2)设置图片

在图片切换特效中,多张图片是在同一位置显示的。接下来设定图片元素的各种属性,代码如下:

```
<style type="text/css">
 * {margin:0; padding:0; vertical-align:top;}
img{border:0 none}
.photo{ width:665px; height:414px; overflow:hidden; position:relative}
.photo .step{ position:absolute; bottom:10px;right:15px; height:23px;
z-index:2; color:#fff; font-size:14px; font-weight:bold;vertical-align:middle; cursor:pointer}
.photo .step em{ margin:0 5px}
.photo ul{ float:left;position:absolute;top:0;left:0;width:2208px}
.photo li{ float:left;background:#09e; }
.photo li img{ display:block;width:736px;height: 414px; }
</style>
```

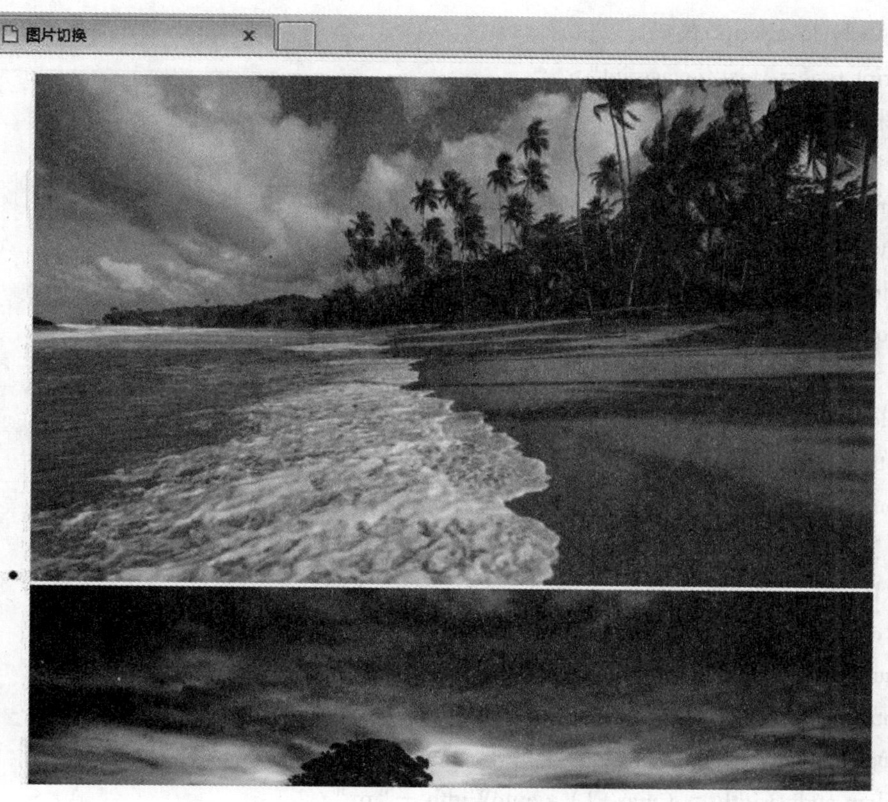

图 2.2.6　添加图片

执行效果如图 2.2.7 所示。

图 2.2.7　设置图片

(3)添加 JavaScript 代码

```
<script type="text/javascript">
/*相册函数*/
function photoAlbumn(photoObj,btnObj,numObj){
var moveNum = 1,
  _void=true,
  cloneObj,nums,
  voidClone=false,
  d=document,
  elem = d.getElementById(photoObj),
  btnObj=d.getElementById(btnObj),
  numObj=d.getElementById(numObj);
if (!elem) return false;
if (!btnObj) return false;
var elemObj = elem.getElementsByTagName("li"),
  autoWidth = elemObj[0].offsetWidth,
  btns = btnObj.getElementsByTagName("span"),
  max=elemObj.length;
  elem.style.width = (max+1) * autoWidth + "px";
/*定义数组元素*/
var numElement =function(){
if(numObj){
  nums = numObj.getElementsByTagName("em");
  nums[1].innerHTML = max;
  nums[0].innerHTML = moveNum;
  }
}
/*移动元素*/
var moveElement =function(final_x,final_y,interval){
  _void = false;
  var step = function () {
  /*清除由 setTimeout()方法设置的清除定时器 */
  if (elem.movement)clearTimeout(elem.movement);
    if (!elem.style.left) elem.style.left = "0px";
    if (!elem.style.top) elem.style.top = "0px";
    var xpos = parseInt(elem.style.left);
    var ypos = parseInt(elem.style.top);
```

```
        if (xpos == final_x && ypos == final_y) {
          _void = true;
    if(voidClone){
      elem.style.left = (moveNum > 2)?(-(max-1) * autoWidth +"px"):"0px";
      elem.removeChild(cloneObj);
      voidClone = false;
    }
      return true;
    }
    if (xpos < final_x) {
        var dist =Math.ceil((final_x - xpos)/10);
        xpos = xpos + dist;
      }
      if (xpos > final_x) {
        var dist = Math.ceil((xpos - final_x)/10);
        xpos = xpos - dist;
      }
      if (ypos < final_y) {
        var dist = Math.ceil((final_y - ypos)/10);
        ypos = ypos + dist;
      }
      if (ypos > final_y) {
        var dist = Math.ceil((ypos - final_y)/10);
        ypos = ypos - dist;
      }
      elem.style.left = xpos + "px";
      elem.style.top = ypos + "px";
      elem.movement = setTimeout(function(){step()},interval);
  }
  /*元素移动*/
  elem.movement = setTimeout(function(){step()},interval);
  };
  /*移动自动展示*/
  var moveAutoShow = function (){
          moveNum++;
  if(moveNum > max){
    cloneObj = elemObj[0].cloneNode(true);
```

```
    elem.appendChild(cloneObj);
    voidClone = true;
  }
        moveElement(-autoWidth * (moveNum-1),0,5);
    if(moveNum > max) moveNum=1;
    numElement();
  };
  /*准备阴影展示*/
  var prepareSlideshow = function (){
        var moveAuto = setInterval(function(){moveAutoShow()},5000);
  btns[0].onmousedown = function() {
    if(! _void) return false;
        clearInterval(moveAuto);
        moveNum--;
      if(moveNum < 1){
    /*复制元素*/
    cloneObj = elemObj[(max-1)].cloneNode(true);
    cloneObj.style.cssText=";position:absolute;left:-" + autoWidth +"px";
    elem.insertBefore(cloneObj,elemObj[0]);
    voidClone = true;
  }
        moveElement(-autoWidth * (moveNum-1),0,5);
        moveAuto = setInterval(function(){moveAutoShow()},5000);
      if(moveNum < 1) moveNum=max;
    numElement();
        }
      btns[1].onmousedown = function() {
    if(!_void) return false;
        clearInterval(moveAuto);
        moveNum++;
      if(moveNum > max){
    cloneObj = elemObj[0].cloneNode(true);
    elem.appendChild(cloneObj);
    voidClone = true;
  }
        moveElement(-autoWidth * (moveNum-1),0,5);
        moveAuto = setInterval(function(){moveAutoShow()},5000);
```

```
        if(moveNum > max) moveNum=1;
        numElement();
            }
    };
    numElement();
    prepareSlideshow();
    }
    photoAlbumn("photo-sub","photo","step-num");
    </script>
```

执行效果如图 2.2.8 所示。

图 2.2.8　图片切换特效

【任务小结】

该任务是 JavaScript 编码实现网页上图片相册播放效果，主要涉及的 JavaScript 方法有：

document.getElementById()，访问 document 中某一设置的 id 的第一个对象的特殊元素。

getElementsByTagName()，返回带有指定标签名的对象的集合。

clearTimeout()，取消由 setTimeout() 方法设置的 timeout。

Math.ceil()，返回值为最接近的较大整数。

cloneNode()方法，创建指定节点的精确拷贝。

【效果评价】

评价表

项目名称	JavaScript 网页特效	学生姓名	
任务名称	任务 2.2　制作图片相册播放效果	分　数	
评分标准		分　值	考核得分
总体得分			
教师简要评语： 教师签名：			

任务 2.3　制作图片百叶窗切换效果

【任务描述】

使用 JavaScript 来实现图片百叶窗切换效果，如图 2.3.1 所示。

图 2.3.1　图片百叶窗切换效果

【知识准备】(本例涉及的 JavaScript 语法)

2.3.1 document.createElement( )方法

(1)定义和用法

document.createElement( ) 方法用于创建元素节点。语法格式如下：

createElement(name)

表 2.3.1

参 数	描 述
name	字符串值,这个字符串可为此元素节点规定名称。

document.createElement( ) 方法是在对象中创建一个对象,要与 appendChild( ) 或 insertBefore( )方法联合使用。

其中,appendChild( ) 方法在节点的子节点列表末添加新的子节点。insertBefore( ) 方法在节点的子节点列表任意位置插入新的节点。

(2)实例

创建一个层,代码如下：

```
<div id="board"></div>
```

添加 JavaScript 代码,代码如下：

```
<script type="text/javascript">
        var board = document.getElementById("board");
        var e = document.createElement("input");
        e.type = "button";
        e.value = "这是一个按钮";
        var object = board.appendChild(e);
  </script>
```

执行效果是在标签 board 中加载一个按钮,属性值为“这是一个按钮”,如图 2.3.2 所示。

这是一个按钮

图 2.3.2 加载按钮

若将 JavaScript 代码进行修改,代码如下：

```
<script type="text/javascript">
        var board = document.getElementById("board");
        var e2 = document.createElement("select");
        e2.options[0] = new Option("加载项 1","");
        e2.options[1] = new Option("加载项 2","");
        e2.size = "2";
```

```
    var object = board.appendChild(e2);
</script>
```

执行效果是在标签 board 中加载一个下拉列表框，属性值为“加载项 1”和“加载项 2”。如图 2.3.3 所示。

图 2.3.3　加载下拉列表

2.3.2　document. appendChild( )方法和 document. insertBefore( )方法

(1)定义和用法

appendChild( )方法在节点的子节点列表末添加新的子节点。该方法返回新的子节点。语法格式如下：

appendChild(node)

表 2.3.2

参　数	描　述
node	必需。要追加的节点

insertBefore( )方法可在已有的子节点列表任意位置插入新的节点。此方法可返回新的子节点。语法格式如下：

insertBefore(newchild,refchild)

表 2.3.3

参　数	描　述
newchild	插入新的节点
refchild	在此节点前插入新节点

(2)实例

创建一个层，在 div 中插入一个子节点 p。代码如下：

```
<div id="test"><p id="x1">Node</p><p>Node</p></div>
```

可以这样来编写 JavaScript 代码，代码如下：

```
<script type="text/javascript">
    var oTest = document.getElementById("test");
    var newNode = document.createElement("p");
    newNode.innerHTML = "This is a test";
    oTest.appendChild(newNode);
    oTest.insertBefore(newNode,null);
</script>
```

执行效果如图 2.3.4 所示。

通过以上的代码，可以测试到一个新的节点被创建到了节点 div 下，且该节点是 div 最后一个节点。很明显，通过这个例子，可以知道 appendChildhild 和 insertBefore 都可以进行插入节点的操作。

Node

Node

This is a test

图 2.3.4　在节点列表末添加新的子节点

This is a test

Node

Node

图 2.3.5　在 x1 节点前面插入一个新的节点

在上面这段代码中有这样一句:oTest.insertBefore(newNode,null),这里 insertBefore 有 2 个参数可以设置,第一个是和 appendChild 相同的,第二个却是它特有的。它不仅可以为 null,还可以写为:

```
<script type="text/javascript">
    var oTest = document.getElementById("test");
    var refChild = document.getElementById("x1");
    var newNode = document.createElement("p");
    newNode.innerHTML = "This is a test";
    oTest.insertBefore(newNode,refChild);
</script>
```

执行效果如图 2.3.5 所示。

还可以写成:

```
<script type="text/javascript">
  var oTest = document.getElementById("test");
  var refChild = document.getElementById("x1");
  var newNode = document.createElement("p");
  newNode.innerHTML = "This is a test";
  oTest.insertBefore(newNode,refChild.nextSibling);
</script>
```

执行效果如图 2.3.6 所示。

Node

This is a test

Node

图 2.3.6　在 x1 节点的下一个节点前面插入一个新的节点

以上几种情况表明:appendChild( ) 方法在节点的子节点列表末添加新的子节点;insertBefore( )方法在节点的子节点列表任意位置插入新的节点。

2.3.3　setInterval( )方法和 clearInterval( )方法

(1)定义和用法

setInterval( )方法可按照指定的周期(以毫秒计)来调用函数或计算表达式。

setInterval()方法会不停地调用函数,直到 clearInterval() 被调用或窗口被关闭。由 setInterval()返回的 ID 值可用作 clearInterval() 方法的参数。语法格式如下:

setInterval(code,millisec[,"lang"])

表 2.3.4

参　数	描　述
code	必需。要调用的函数或要执行的代码串
millisec	必需。周期性执行或调用 code 之间的时间间隔,以毫秒计

其返回值是一个可以传递给 Window.clearInterval(),从而取消对 code 的周期性执行的值。

clearInterval()方法可取消由 setInterval() 设置的 timeout。

clearInterval()方法的参数必须是由 setInterval() 返回的 ID 值。语法格式如下:

clearInterval(id_of_setinterval)

表 2.3.5

参　数	描　述
id_of_setinterval	由 setInterval() 返回的 ID 值

(2)实例

下面这个例子将每隔 50 毫秒调用 clock() 函数,也可以使用一个按钮来停止这个 clock:

```
<html>
  <body>
    <form>
      <input type="text" id="clock" size="46" />
      <script language=javascript>
      var int=self.setInterval("clock()",50)
      function clock()
        {
        var t=new Date()
        document.getElementById("clock").value=t
        }
      </script>
      <button onclick="int=window.clearInterval(int)">Stop interval</button>
    </form>
  </body>
</html>
```

执行效果如图 2.3.7 所示。

【任务实施】

使用 JavaScript 来实现图片百叶窗切换效果。关键步骤如下:

Fri Aug 22 2014 17:50:59 GMT+0800 (中国标准时间) | Stop interval

图 2.3.7 setInterval( )方法和 clearInterval( )方法

(1)添加图片

采取列表的形式来添加图片,代码如下:

```
<div id="shutter" class="shutter" style="float:left">
  <ul>
    <li><a href="#" target="_blank"><img src="imgs/05.jpg" width="500"
height="300" /></a></li>
    <li><a href="#" target="_blank"><img src="imgs/04.jpg" width="500"
height="300" /></a></li>
    <li><a href="#" target="_blank"><img src="imgs/03.jpg" width="500"
height="300" /></a></li>
    <li><a href="#" target="_blank"><img src="imgs/02.jpg" width="500"
height="300" /></a></li>
    <li><a href="#" target="_blank"><img src="imgs/01.jpg" width="500"
height="300" /></a></li>
  </ul>
</div>
```

执行效果如图 2.3.8 所示。

(2)设置图片

在图片百叶窗切换特效中,切换的图片是在同一位置显示的。接下来先设定图片元素的各种属性,代码如下:

```
<style type="text/css">span{overflow:hidden;font-size:0;line-height:0}
  .shutter{position:relative;overflow:hidden;height:300px;width:500px}
  .shutter li{position:absolute;left:0;top:0;}
  ul,li{list-style:none;margin:0;padding:0}
  img{display:block;border:none}
  .shutter-nav{display:inline-block;margin-right:8px;color:#fff;
  padding:2px 6px;background:#333;border:1px solid #fff;
  font-family:Tahoma;font-weight:bold;font-size:12px;cursor:pointer;}
  .shutter-cur-nav{display:inline-block;margin-right:8px;color:#fff;
  padding:2px 6px;background:#ff7a00;border:1px solid #fff;
  font-family:Tahoma;font-weight:bold;font-size:12px;cursor:pointer;}
</style>
```

执行效果如图 2.3.9 所示。

(3)添加 JavaScript 代码

以下这段代码添加到<head> </head>部分。

```
<script type="text/javascript">
```

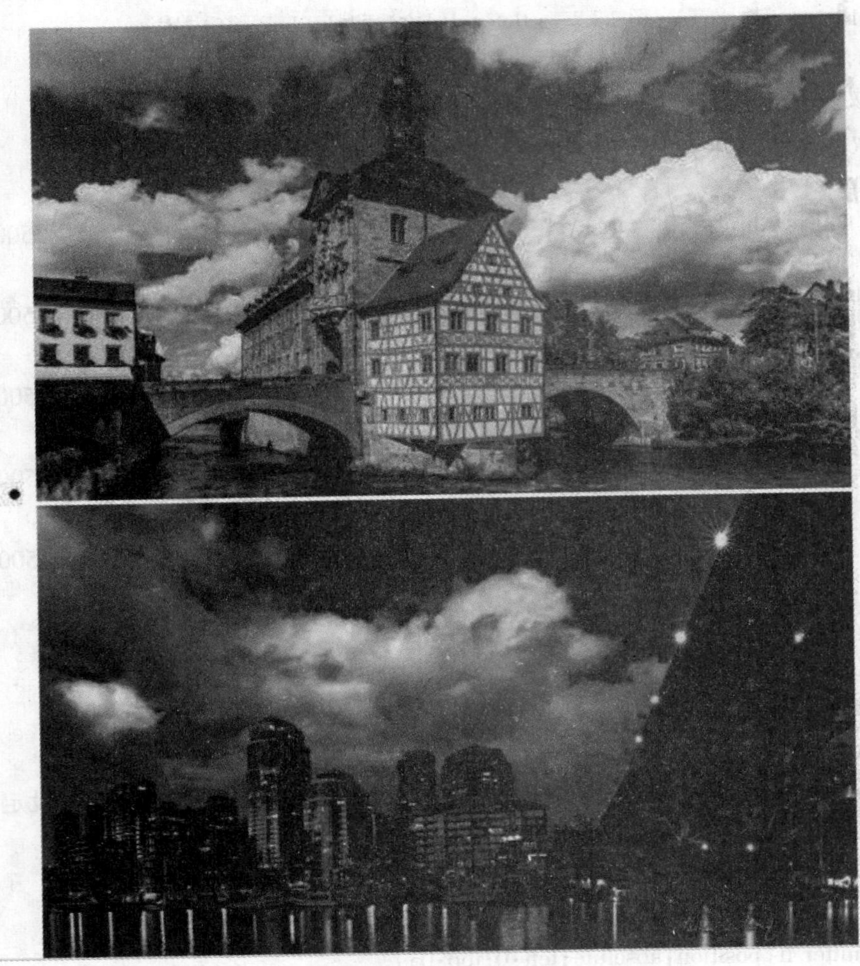

图 2.3.8　添加图片

```
var Hongru={};
function H$(id){return document.getElementById(id)}
function H$$(c,p){return p.getElementsByTagName(c)}
/*百叶窗效果*/
Hongru.shutter = function(){
function init(anchor,options){this.anchor=anchor; this.init(options);}
/*初始化原型*/
init.prototype = {
/*初始化*/
init:function(options){
/*定义和初始化变量*/
//options 参数:id(必选):图片列表父标签 id;auto(可选):自动运行时间;index(可选):
```

图 2.3.9 设置图片

开始运行的图片序号

```
        var wp = H $ (options.id), //获取图片列表父元素
        ul = H $ $ ('ul',wp)[0], //获取
        li = this.li = H $ $ ('li',ul);
        this.a = options.auto?options.auto:4; //自动运行间隔
        this.index = options.position?options.position:0; //开始运行的图片序号
(从 0 开始)
        this.l = li.length;
        this.cur = 0; //当前显示的图片序号 &&z-index 变量
        this.stN = options.shutterNum?options.shutterNum:5;
        this.dir = options.shutterDir?options.shutterDir:'H';
        this.W = wp.offsetWidth;
        this.H = wp.offsetHeight;
        this.aw = 0;
        this.mask = [];
        this.nav = [];
        ul.style.display = 'none';
        /*在对象中创建一个对象*/
    var container = this.container = document.createElement('div'),
        con_a = this._a = document.createElement('a');
        con_a.target = '_blank';
        container.style.cssText = con_a.style.cssText=
'position:absolute;width:'+this.W+'px;height:'+this.H+'px;left:0;top:0';
        /*在节点的子节点列表末添加新的子节点*/
```

```
            container.appendChild(con_a);
            for (var x=0; x<this.stN; x++) {
            var mask = document.createElement('span');
            mask.style.cssText = this.dir ==
'H'?'position:absolute;width:'+this.W/this.stN+'px;height:'+this.H+'px;left:
'+x * this.W/this.stN+'px;top:0' :
'position:absolute;width:'+this.W+'px;height:'+this.H/this.stN+'px;left:0px;
top:'+x * this.H/this.stN+'px';
            this.mask.push(mask);
            con_a.appendChild(mask);
            }
            wp.appendChild(container);
            this.nav_wp = document.createElement('div'); //建一个 div 作为控制器父标签
            this.nav_wp.style.cssText=
'position:absolute;right:0;bottom:0;padding:8px 0;'; //为它设置样式
            for(var i=0;i<this.l;i++){
            /* ==绘制控制器 == */
                var nav = document.createElement('a'); //这里我就直接用 a 标签来做控
制器,考虑语义的话你也可以用 li
                nav.className =
options.navClass?options.navClass:'shutter-nav'; //控制器 class,默认为
'shutter-nav'
                this.nav.push[nav];
                nav.innerHTML = i+1;
                nav.onclick = new Function(this.anchor+'.pos('+i+')'); //绑定 onclick 事
件,直接调用之前写好的 pos()函数
                this.nav_wp.appendChild(nav);
            }
                wp.appendChild(this.nav_wp);
                this.curC =
options.curNavClass?options.curNavClass:'shutter-cur-nav';
                this.pos(this.index); //变换函数
                },
                /* 自动 */
            auto:function(){
                /* 按照以毫秒计算的指定周期来调用函数或计算表达式 */
                this.li.a =setInterval(new
Function(this.anchor+'.move(1)'),this.a * 1000);
```

```
},
/*移动*/
move:function(i){//参数i有两种选择,1和-1,1代表运行到下一张,-1
代表运行到上一张
var n = this.cur+i;
var m = i==1?n==this.l?0:n:n<0?this.l-1:n; //下一张或上一张的序
号(注意三元选择符的运用)
this.pos(m); //变换到上一张或下一张
},
/*位置*/
pos:function(i){
/*取消由setInterval()方法设置的定时器*/
clearInterval(this.li.a);
clearInterval(this.li[i].a);
this.aw = this.dir == 'H'? this.W/this.stN : this.H/this.stN;
var src = H$$('img',this.li[i])[0].src;
var _n = i+1>=this.l?0:i+1;
var src_n = H$$('img',this.li[_n])[0].src;
this.container.style.backgroundImage = 'url('+src_n+')';
for(var n=0;n<this.stN;n++){
    this.mask[n].style.cssText = this.dir ==
'H'?'position:absolute;width:'+this.W/this.stN+'px;height:'+this.H+'px;left:'+n*this.W/this.
stN+'px;top:0' :
'position:absolute;width:'+this.W+'px;height:'+this.H/this.stN+'px;left:0px;top:'+n*this.H/
this.stN+'px';
    this.mask[n].style.background = this.dir == 'H' ?
'url('+src+') no-repeat -'+n*this.W/this.stN+'px 0' : 'url('+src+') no-repeat 0 -'+n*this.H/
this.stN+'px';
    }
    this.cur = i; //绑定当前显示图片的正确序号
    this.li.a = false;
    for(var x=0;x<this.l;x++){
      H$$('a',this.nav_wp)[x].className =
x==i? this.curC:'shutter-nav'; //绑定当前控制器样式
    }
    this._a.href = H$$('a',this.li[i])[0].href;
  //this.auto(); //自动运行
    this.li[i].a = setInterval(new
```

```
Function(this.anchor+'.anim('+i+')'), 4 * this.stN);
                },
                anim: function (i) {
                var tt = this.dir == 'H' ?
parseInt(this.mask[this.stN-1].style.width) :
parseInt(this.mask[this.stN-1].style.height);
                if(tt<=5){
                        clearInterval(this.li[i].a);
                        for(var n=0;n<this.stN;n++){
                          this.dir == 'H' ? this.mask[n].style.width = 0 :
this.mask[n].style.height = 0;
                        }
                        if(!this.li.a) {this.auto()}
                        }
                        else{
                        for(var n=0;n<this.stN;n++){
                              this.aw -= 1;
                              this.dir == 'H' ? this.mask[n].style.width =
this.aw + 'px' : this.mask[n].style.height = this.aw + 'px';
                              }
                        }
            }
        return{init:init}
    }();
    </script>
```

以下这段代码添加到< body> </ body>部分。

```
    <script type="text/javascript">
    /*设置横向百叶窗效果*/
        var shutterH = new Hongru.shutter.init('shutterH',{
        id:'shutter',
        auto:2,
        shutterNum:4,
        shutterDir:'H',
        position:3
    });
    </script>
```

执行效果如图 2.3.1 所示。

试一试：若希望图片在百叶窗切换时呈纵向效果，应该怎样进行代码的修改呢？效果如图 2.3.10 所示。

图 2.3.10　纵向百叶窗效果

【任务小结】

该任务是 JavaScript 编码实现网页上图片百叶窗切换效果。值得注意的是，任务实现需要用到 document. createElement（ ）方法，该方法是在对象中创建一个对象，它要与 appendChild( )或 insertBefore( )方法联合使用。

评价表

项目名称	JavaScript 网页特效	学生姓名	
任务名称	任务 2.3　制作图片百叶窗切换效果	分　数	
评分标准		分　值	考核得分
总体得分			
教师简要评语：			
		教师签名：	

任务 2.4　制作网页图片漂浮效果

【任务描述】

使用 JavaScript 实现网页图片漂浮效果，如图 2.4.1 所示。

图 2.4.1　网页图片漂浮效果

【知识准备】（本例涉及的 JavaScript 语法）

2.4.1　setInterval( )方法和 clearInterval( )方法

setInterval( )方法可按照指定的周期（以毫秒计）来调用函数或计算表达式。

clearInterval( )方法可取消由 setInterval( ) 设置的 timeout。

前面的章节有对其详细的讲解，这里不再复述。

2.4.2　onMouseOver 和 onMouseOut

onMouseOver 和 onMouseOut 用来创建"动态的"按钮。

前面的章节有对其详细的讲解，这里不再复述。

【任务实施】

使用 JavaScript 实现网页图片漂浮效果。关键步骤如下：

(1)添加图片

为页面添加漂浮的图片，代码如下：

```
<div id="codefans_net" style="position:absolute">
```

```
    <a href="#" target="_blank">
      <img  src="imgs/1.jpg" border="0">
    </a>
</div>
```

(2)设置漂浮效果

使用 JavaScript 编程实现漂浮效果,代码如下:

```
<script>
//定义和初始化变量
  var x = 50,y = 60
  var xin = true, yin = true
  var step = 1
  var delay = 10
  var obj=document.getElementById("codefans_net")
//漂浮函数
  function float() {
  var L=T=0
  var R= document.body.clientWidth-obj.offsetWidth
  var B = document.body.clientHeight-obj.offsetHeight
  obj.style.left = x + document.body.scrollLeft
  obj.style.top = y + document.body.scrollTop
  x = x + step * (xin?1:-1)
  if (x < L) { xin = true; x = L}
  if (x > R){ xin = false; x = R}
  y = y + step * (yin?1:-1)
  if (y < T) { yin = true; y = T }
  if (y > B) { yin = false; y = B }
  }
  var itl=setInterval("float()", delay)
  obj.onmouseover=function(){          //鼠标移入
    clearInterval(itl
  )}
  obj.onmouseout=function(){           //鼠标移出
  itl=setInterval("float()", delay)}
</script>
```

执行效果如图 2.4.1 所示。

【任务小结】

该任务是 JavaScript 编码实现网页上图片漂浮效果。主要涉及的 JavaScript 方法有:setInterval()方法,可按照指定的周期(以毫秒计)来调用函数或计算表达式。

clearInterval( )方法,可取消由 setInterval( ) 设置的 timeout。

onMouseOver 和 onMouseOut 用来创建"动态的"按钮。

【效果评价】

评价表

项目名称	JavaScript 网页特效	学生姓名	
任务名称	任务 2.4　制作图片漂浮效果	分　数	
评分标准		分　值	考核得分
总体得分			
教师简要评语: 教师签名:			

任务 2.5　制作网页日历

【任务描述】

使用 JavaScript 实现网页中的日历显示,如图 2.5.1 所示。

【知识准备】(本例涉及的 JavaScript 语法)

2.5.1　getFullYear( )方法

(1)定义和用法

getFullYear( )方法可返回一个表示年份的 4 位数字。语法格式如下:

dateObject.getFullYear( )

返回值:当 dateObject 用本地时间表示时返回的年份。返回值是一个 4 位数,表示包括世纪值在内的完整年份,而不是两位数的缩写形式。

注意:该方法总是结合一个 Date 对象来使用。

图 2.5.1　网页日历显示

(2) getFullYear( )和 getYear( )的区别

getYear( )方法可返回表示年份的 2 位或 4 位的数字。语法格式如下：

dateObject.getYear( )

它返回 Date 对象的年份字段。

注意：由 getYear( )返回的值不总是 4 位数字！对于介于 1900 年与 1999 年之间的年份，getYear( )方法仅返回两位数字。对于 1900 年之前或 1999 年之后的年份，则返回 4 位数字！该方法也总是结合一个 Date 对象来使用。

2.5.2　getMonth( )方法

getMonth( )方法可返回表示月份的数字。该方法总是结合一个 Date 对象来使用。语法格式如下：

dateObject.getMonth( )

返回值：dateObject 的月份字段，使用本地时间。返回值是 0(1 月) 到 11(12 月) 之间的一个整数。

2.5.3　getDate( )方法

getDate( )函数从 SQL Server 返回当前的时间和日期。语法格式如下：

getDate( )

【任务实施】

使用 JavaScript 实现网页中的日历显示。关键步骤如下：

(1)设计日历结构

根据图 2.5.1 所示的日历界面，分析其结构为其设计表结构。代码如下：

```
<table border="0" cellpadding="0" cellspacing="1" class="Calendar" id="caltable">
<thead>
  <tr align="center" valign="middle">
    <td colspan="7" class="Title">
      <input name="year" type="text" size="4" maxlength="4">年
      <input name="month" type="text" size="1" maxlength="2">月
```

```
        </td>
      </tr>
    </thead>
    <tbody border="1" cellspacing="0" cellpadding="0" id="calendar" align="center">
    </tbody>
    </table>
```

执行效果如图 2.5.2 所示。

日历

年 月

图 2.5.2 设计日历结构

(2)获取日期

使用 JavaScript 编程获取日期,代码如下:

```
<script language="javascript">
/* 定义和初始化变量 */
var months = new Array("一","二","三","四","五","六","七","八","九",
"十","十一","十二");
var daysInMonth = new Array(31, 28, 31, 30, 31, 30, 31, 31,30, 31, 30, 31);
var days = new Array("日","一","二","三","四","五","六");
var classTemp;
var today=new getToday();
var year=today.year;
var month=today.month;
var newCal;
/* 获取日期 */
function getDays(month, year)
  {
    if(1==month)return((0==year%4)&&(0!=(year%100)))||(0==year%400)?
29:28;
    else return daysInMonth[month];
  }
/* 获取当前日期 */
  function getToday(){
    this.now = new Date();
    this.year = this.now.getFullYear();  //获取四位年份
    this.month = this.now.getMonth();  //获取月份
    this.day = this.now.getDate();  //获取日期
  }
/* 日历函数 */
```

```
function Calendar( ) {
  newCal = new Date(year,month,1);
  today = new getToday( );
  var day = -1;
  var startDay = newCal.getDay( );
  var endDay=getDays(newCal.getMonth( ), newCal.getFullYear( ));
  var daily = 0;
  if ((today.year == newCal.getFullYear( )) &&(today.month == newCal.getMonth( )))
  {
    day = today.day;
  }
  var caltable = document.all.caltable.tBodies.calendar;
  var intDaysInMonth =getDays(newCal.getMonth( ), newCal.getFullYear( ));

  for (var intWeek = 0; intWeek < caltable.rows.length;intWeek++)
    for (var intDay = 0;intDay < caltable.rows[intWeek].cells.length;intDay++)
    {
    var cell = caltable.rows[intWeek].cells[intDay];
    var
montemp=(newCal.getMonth( )+1)<10? ("0"+(newCal.getMonth( )+1)):(newCal.getMonth
( )+1);
    if ((intDay == startDay) && (0 == daily)){ daily = 1;}
    var daytemp=daily<10? ("0"+daily):(daily);
    var d="<"+newCal.getFullYear( )+"-"+montemp+"-"+daytemp+">";
    if(day==daily) cell.className="DayNow";
    else if(intDay==6) cell.className = "DaySat";
    else if (intDay==0) cell.className ="DaySun";
    else cell.className="Day";
    if ((daily > 0) && (daily <= intDaysInMonth))
    {
      cell.innerText = daily;
      daily++;
    } else
    {
      cell.className="CalendarTD";
      cell.innerText = "";
    }
  }
  document.all.year.value=year;
```

```
    document.all.month.value=month+1;
}
/* 子月份函数 */
  function subMonth()
  {
    if ((month-1)<0)
    {
    month=11;
    year=year-1;
    } else
    {
    month=month-1;
    }
  Calendar();
}
/* 增加月份 */
function addMonth()
  {
    if((month+1)>11)
    {
    month=0;
    year=year+1;
    } else
    {
    month=month+1;
    }
  Calendar();
  }
/* 设置日期 */
function setDate()
  {
  if (document.all.month.value<1||document.all.month.value>12)
  {
    alert("月的有效范围在 1-12 之间!");
    return;
  }
  year=Math.ceil(document.all.year.value);
  month=Math.ceil(document.all.month.value-1);
  Calendar();
```

```
}
</script>
```

获取时间后就需要显示时间了,这里采用加载函数实现,代码如下:

```
<body    onload=" Calendar()">
```

执行效果如图 2.5.3 所示。

图 2.5.3 加载年月

在前面的代码中,我们获取了四位年份、月份和日期,但是为什么在页面上只能看见年份和月份的显示呢?那是因为<input name="year" type="text" size="4" maxlength="4">和<input name="month" type="text" size="1" maxlength="2">。

接下来,在<tbody> </tbody>中添加如下代码:

```
<script language="javascript">
    for (var intWeeks = 0; intWeeks < 6; intWeeks++)
    {
    document.write("<TR style='cursor:hand'>");
    for (var intDays = 0; intDays < days.length;intDays++) document.write("<TDclass=
CalendarTD onMouseover='buttonOver();' onMouseOut='buttonOut();'></TD>");
    document.write("</TR>");
  }
</script>
```

执行效果如图 2.5.4 所示。

图 2.5.4 加载日期

(3)设置样式

为了日历的美观,为其添加样式代码如下:

```
<Style>
  Input {font-family: verdana;font-size: 9pt;text-decoration:
none;background-color: #FFFFFF;height: 20px;border: 1px solid
#666666;color:#000000;}
  .Calendar {font-family: verdana;text-decoration: none;width:
```

```
170;background-color: #C0D0E8;font-size: 9pt;border:0px dotted #1C6FA5;}
        .CalendarTD {font-family: verdana;font-size: 7pt;color:
#000000;background-color:#f6f6f6;height: 20px;width:11%;text-align: center;}
        .Title {font-family: verdana;font-size: 11pt;font-weight: normal;height:
24px;text-align: center;color: #333333;text-decoration: none;background-color:
#A4B9D7;border-top-width: 1px;border-right-width: 1px;border-bottom-width:
1px;border-left-width: 1px;border-bottom-style:1px;border-top-color:
#999999;border-right-color: #999999;border-bottom-color:
#999999;border-left-color: #999999;}
        .Day {font-family: verdana;font-size: 7pt;color:#243F65;background-color:
#E5E9F2;height: 20px;width:11%;text-align: center;}
        .DaySat {font-family: verdana;font-size:
7pt;color:#FF0000;text-decoration: none;background-color:
#E5E9F2;text-align: center;height: 18px;width: 12%;}
        .DaySun {font-family: verdana;font-size:
7pt;color: #FF0000;text-decoration: none;background-color:
#E5E9F2;text-align: center;height: 18px;width: 12%;}
        .DayNow {font-family: verdana;font-size: 7pt;font-weight: bold;color:
#000000;background-color: #FFFFFF;height: 20px;text-align: center;}
        .DayTitle {font-family: verdana;font-size: 9pt;color:
#000000;background-color: #C0D0E8;height: 20px;width:11%;text-align: center;}
        .DaySatTitle {font-family: verdana;font-size:
9pt;color:#FF0000;text-decoration: none;background-color:#C0D0E8;text-align:
center;height: 20px;width: 12%;}
        .DaySunTitle {font-family: verdana;font-size: 9pt;color:
#FF0000;text-decoration: none;background-color: #C0D0E8;text-align:
center;height: 20px;width: 12%;}
        .DayButton {font-family: Webdings;font-size: 9pt;font-weight: bold;color:
#243F65;cursor:hand;text-decoration: none;}
    </Style>
```

执行效果如图 2.5.5 所示。

(4)添加箭头

从图 2.5.1 所示日历界面上看,年月的前后有箭头显示,用其调整“上一月”或“下一月”。修改相应代码段,body 中代码修改如下:

```
    <td colspan="7" class="Title">
        <a href="javaScript:subMonth();" title="上一月" Class="DayButton">3</a>
        <input name="year" type="text" size="4" maxlength="4" onkeydown="if
(event.keyCode==13){setDate()}"
onkeyup="this.value=this.value.replace(/[^0-9]/g,'')"
```

图 2.5.5 设置日历样式

```
onpaste="this.value=this.value.replace(/[^0-9]/g,'')">年
        <input name="month" type="text" size="1" maxlength="2" onkeydown="if
(event.keyCode==13){setDate()}"
onkeyup="this.value=this.value.replace(/[^0-9]/g,'')"
onpaste="this.value=this.value.replace(/[^0-9]/g,'')">月
        <a href="JavaScript:addMonth();" title="下一月" Class="DayButton">4</a>
    </td>
```

在 JavaScript 脚本中,添加如下代码:

```
/*按钮移入*/
function buttonOver()
{
    var obj = window.event.srcElement;
    obj.runtimeStyle.cssText = "background-color:#FFFFFF";
}
/*按钮移出*/
function buttonOut()
{
    var obj = window.event.srcElement;
    window.setTimeout(function(){obj.runtimeStyle.cssText = "";},300);
}
```

执行效果如图 2.5.6 所示。

图 2.5.6 调整月份

一个简单的网页日历就制作完毕了。

【任务小结】

该任务是用 JavaScript 编程实现网页日历。网页日历的呈现方式多种多样,这里只是其中的一种,其主要思想是首先利用表格对日历进行布局,接着使用日期相关函数获取日期,最后对其进行样式的设置。主要涉及的 JavaScript 方法有:

getFullYear()方法,可返回一个表示年份的 4 位数字。

getMonth()方法,可返回表示月份的数字。

getDate ()函数,从 SQL Server 返回当前的时间和日期。

【效果评价】

评价表

项目名称	JavaScript 网页特效	学生姓名	
任务名称	任务 2.5　制作网页日历	分　数	
评分标准		分　值	考核得分
总体得分			
教师简要评语: 教师签名:			

任务 2.6　制作闪动效果文字

【任务描述】

使用 JavaScript 制作网页上闪动效果文字,如图 2.6.1 所示。

★ 欢迎学习《Web程基础》课程 ★

图 2.6.1　闪动效果文字

【知识准备】(本例涉及的 JavaScript 语法)

2.6.1　parseInt( )方法

parseInt( )函数可解析一个字符串,并返回一个整数。语法格式如下:
parseInt(string, radix)

表 2.6.1

参　数	描　述
string	必需。要被解析的字符串
radix	可选。表示要解析的数字的基数。该值取 2 ~ 36。 如果省略该参数或其值为 0,则数字将以 10 为基础来解析。如果它以"0x"或"0X"开头,将以 16 为基数。 如果该参数小于 2 或者大于 36,则 parseInt( ) 将返回 NaN

该方法返回解析后的数字。

当参数 radix 的值为 0,或没有设置该参数时,parseInt( ) 会根据 string 来判断数字的基数。

如果 string 以"0x"开头,parseInt( ) 会把 string 的其余部分解析为十六进制的整数。如果 string 以 0 开头,那么 ECMAScript v3 允许 parseInt( ) 的一个实现把其后的字符解析为八进制或十六进制的数字。如果 string 以 1 ~ 9 的数字开头,parseInt( ) 将把它解析为十进制的整数。

注意:

- 只有字符串中的第一个数字会被返回。
- 开头和结尾的空格是允许的。
- 如果字符串的第一个字符不能被转换为数字,那么 parseFloat( ) 会返回 NaN。

2.6.2　setTimeout( )方法

setTimeout( )方法用于在指定的毫秒数后调用函数或计算表达式。
前面的章节有对其详细的讲解,这里不再复述。

2.6.3　innerHTML 属性

几乎所有的元素都有 innerHTML 属性,它是一个字符串,用来设置或获取位于对象起始和结束标签内的 HTML。

语法格式如下:

tablerowObject.innerHTML = HTML

【任务实施】

使用 JavaScript 制作网页上闪动效果的文字。关键步骤如下：

(1)添加层

在页面中添加一个层。代码如下：

```
<div align=center id=theDiv></div>
```

(2)编写 JavaScript 代码

使用 JavaScript 编程控制文字进行闪动的效果，代码如下：

```
<script language="javascript">
/*下一个尺寸*/
function nextSize(i,incMethod,textLength)
{
if (incMethod == 1) return (32*Math.abs(Math.sin(i/(textLength/3.14))) );
if (incMethod == 2) return (255*Math.abs(Math.cos(i/(textLength/3.14))));
}
/*尺寸循环*/
function sizeCycle(text,method,dis)
{
        output = "";
        for (i = 0; i < text.length; i++)
          {
           /*字符串转换为整数*/
           size =parseInt(nextSize(i +dis,method,text.length));
           output += "<font style='font-size: "+ size +"pt'>" +text.substring(i,i+1)+
"</font>";
          }
        theDiv.innerHTML = output; /*innerHTML 属性,它是一个字符串,用来设置或
获取位于对象起始和结束标签内的 HTML*/
}
/*闪动*/
function doWave(n)
{
        theText = "★ 欢迎学习《Web 编程基础》课程 ★";
        sizeCycle(theText,1,n);
        if (n > theText.length) {n=0}
        setTimeout("doWave(" + (n+1) + ")",100); /*每隔制定的时间久执行一次
表达式*/
}
</script>
```

(3)加载“闪动”效果

控制文字进行闪动效果的 JavaScript 代码编写完毕后，还需将其加载到 body 中才能实现。同时，这里为页面设置一个背景色。代码如下：

```
<body bgcolor="#FFFFCC" onload=doWave(0)>
```

执行效果如图 2.6.1 所示。

【任务小结】

该任务是用 JavaScript 编程实现网页文字闪动的效果。主要涉及的 JavaScript 方法有：

parseInt( )方法，可解析一个字符串，并返回一个整数。

setTimeout( )方法，用于在指定的毫秒数后调用函数或计算表达式。

【效果评价】

评价表

项目名称	JavaScript 网页特效	学生姓名	
任务名称	任务 2.6　制作闪动效果文字	分　数	
评分标准		分　值	考核得分
总体得分			
教师简要评语：			
教师签名：			

任务 2.7　制作文本框打字效果

【任务描述】

使用 JavaScript 实现网页上文本框打字的效果，如图 2.7.1 所示。

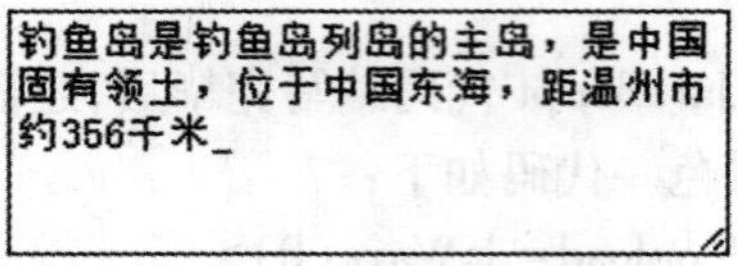

钓鱼岛是钓鱼岛列岛的主岛，是中国
固有领土，位于中国东海，距温州市
约356千米_

图 2.7.1　文本框打字效果

【知识准备】（本例涉及的 JavaScript 语法）

setTimeout()方法用于在指定的毫秒数后调用函数或计算表达式。

前面的章节有对其详细的讲解，这里不再复述。

【任务实施】

使用 JavaScript 实现网页上文本框打字的效果。关键步骤如下：

（1）添加文本框

根据图 2.7.1 所示界面添加文本框并设置相应属性。代码如下：

```
<form name="tickform">
<textarea name="msgbox" rows="5"  cols="30"  style="overflow:auto" > </textarea>
</form>
```

（2）编写 JavaScript 代码

使用 JavaScript 编程实现打字效果，代码如下：

```
<script  language="javascript">
/*定义并初始化变量*/
var max=0;
msgkeeptime=2000;                    //每条信息保持时间
typeinterval=50;                     //定义需要显示的条目
tl = new msglist(
"钓鱼岛是钓鱼岛列岛的主岛,是中国固有领土,位于中国东海,距温州市约 356 km、福州市约 385 km、基隆市约 190 km,面积 4.3838 km^2,周围海域面积约为 17 万 km^2。",
"1972年美国将其"行政管辖权"连同琉球一起"交给"日本,历史上琉球并不属于日本。",
"中日钓鱼岛争议由此产生。1970 年代开始,华人组织民间团体曾多次展开宣示主权的"保钓运动"。",
"2012 年 9 月 10 日起,中国有关部门对钓鱼岛及其附属岛屿开展常态化监视监测;9 月 11 日,央视首次播钓鱼岛天气预报。",
"2012 年 9 月 17 日,央视报道:中国学者发现 1895 年日政府就知道钓鱼岛是中国的。"
);
/*消息列表*/
function msglist() {
max=msglist.arguments.length;
for (i=0; i<max; i++)
this[i]=msglist.arguments[i];
```

```
}
/*定义并初始化变量*/
var x=0; pos=0;                    //初始化变量
var l=tl[0].length;                //取得第一条消息的长度
/*消息打字效果*/
function msgtyper() {              //依次显示消息的主函数
document.tickform.msgbox.value = tl[x].substring(0, pos) + "_";
//显示第 x 条信息的前 pos 个字符,并在最后面加类似光标的下划线。
if(pos++ == l) {
//将需显示结束部分后移一个字符,如果超出了信息最大长度,则表明本条信息已经显示完整。
pos=0;                             //恢复指针,准备从第一个字符开始显示
if(++x == max) x=0;                //轮换需要显示的信息条目
l = tl[x].length;                  //取得下一次需要显示那条信息的长度
setTimeout("msgtyper()", msgkeeptime);
//将信息保持 msgkeeptime 毫秒后,显示下一条
}
else                     //如果本条信息没有显示完
setTimeout("msgtyper()", typeinterval);
//则设定显示下一个字的延时为 typeinterval 毫秒
}
</script>
```

(3)加载打字机

文字打印效果的 JavaScript 代码编写完毕后,还需将其加载到 body 中才能实现。代码如下:

```
<body OnLoad="msgtyper()">
```

执行效果如图 2.7.1 所示。

这里将文本框的显示设置为 5 行,当文字>5 行时会自动添加滚动条。效果如图 2.7.2 所示。

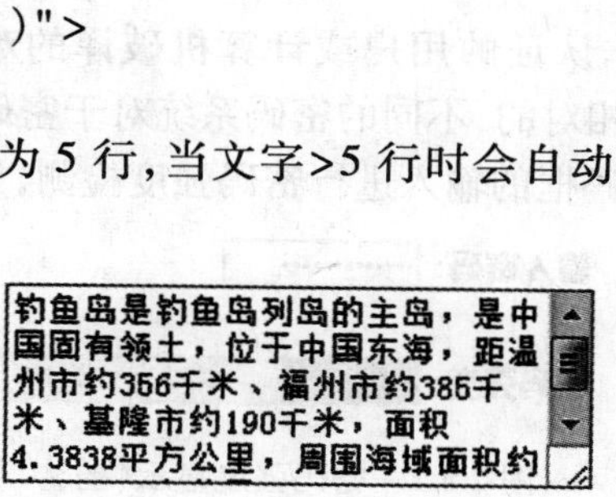

钓鱼岛是钓鱼岛列岛的主岛，是中
国固有领土，位于中国东海，距温
州市约356千米、福州市约385千
米、基隆市约190千米，面积
4.3838平方公里，周围海域面积约

图 2.7.2　文本框滚动效果

【任务小结】

该任务是用 JavaScript 编程实现文本框打字的效果。该任务的关键是,首先将要呈现的文本定义为消息列表,然后通过 substring( ) 方法截取列表中的字符串,达到逐个显示的目的。

【效果评价】

评价表

项目名称	JavaScript 网页特效	学生姓名	
任务名称	任务 2.7　制作文本框打字效果	分　数	
评分标准		分　值	考核得分
总体得分			
教师简要评语： 教师签名：			

任务 2.8　密码强度检测

【任务描述】

密码强度指一个密码被非认证的用户或计算机破译的难度。密码强度通常用“弱”或“强”来形容。“弱”和“强”是相对的，不同的密码系统对于密码强度有不同的要求。使用 JavaScript 对网页密码框的输入进行密码强度检测，如图 2.8.1 所示。

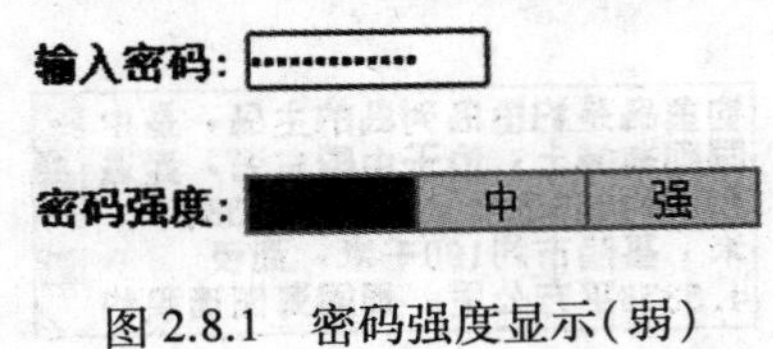

图 2.8.1　密码强度显示（弱）

【知识准备】（本例涉及的 JavaScript 语法）

2.8.1　charCodeAt( ) 方法

(1) 定义和用法

charCodeAt( ) 方法可返回指定位置的字符的 Unicode 编码。这个返回值是 0~65535 的整数。语法格式如下：

stringObject.charCodeAt(index)

表 2.8.1

参 数	描 述
index	必需。表示字符串中某个位置的数字，即字符在字符串中的下标

字符串中第一个字符的下标是 0。如果 index 是负数，或大于等于字符串的长度，则 charCodeAt() 返回 NaN。

(2) charCodeAt() 和 charAt() 的区别

方法 charCodeAt() 与 charAt() 方法执行的操作相似，只不过前者返回的是位于指定位置的字符的编码，而后者返回的是字符子串。

charAt() 方法可返回指定位置的字符。语法格式如下：

stringObject.charAt(index)

表 2.8.2

参 数	描 述
index	必需。表示字符串中某个位置的数字，即字符在字符串中的下标

注意：

• JavaScript 并没有一种有别于字符串类型的字符数据类型，所以返回的字符是长度为 1 的字符串。

• 字符串中第一个字符的下标是 0。如果参数 index 不在 0 与 string.length 之间，该方法将返回一个空字符串。

2.8.2 onKeyUp 事件

onkeyup 事件会在键盘按键被松开时发生。语法格式如下：

onkeyup = "SomeJavaScriptCode"

表 2.8.3

参 数	描 述
SomeJavaScriptCode	必需。规定该事件发生时执行的 JavaScript

支持该事件的 HTML 标签：<a>，<acronym>，<address>，<area>，<b>，<bdo>，<big>，<blockquote>，<body>，<button>，<caption>，<cite>，<code>，<dd>，<del>，<dfn>，<div>，<dt>，<em>，<fieldset>，<form>，<h1>to<h6>，<hr>，<i>，<input>，<kbd>，<label>，<legend>，<li>，<map>，<object>，<ol>，<p>，<pre>，<q>，<samp>，<select>，<small>，<span>，<strong>，<sub>，<sup>，<table>，<tbody>，<td>，<textarea>，<tfoot>，<th>，<thead>，<tr>，<tt>，<ul>，<var>。

支持该事件的 JavaScript 对象：document，image，link，textarea。

2.8.3 onBlur 事件

onblur 事件会在对象失去焦点时发生。语法格式如下：

onblur="SomeJavaScriptCode"

表 2.8.4

参 数	描 述
SomeJavaScriptCode	必需。规定该事件发生时执行的 JavaScript

支持该事件的 HTML 标签：<a>，<acronym>，<address>，<area>，<b>，<bdo>，<big>，<blockquote>，<button>，<caption>，<cite>，<dd>，<del>，<dfn>，<div>，<dl>，<dt>，<em>，<fieldset>，<form>，<frame>，<hr>，<frameset>，<h1> to <h6>，<i>，<iframe>，<img>，<input>，<ins>，<kbd>，<label>，<legend>，<li>，<object>，<ol>，<p>，<pre>，<q>，<samp>，<select>，<small>，<span>，<strong>，<sub>，<sup>，<table>，<tbody>，<td>，<textarea>，<tfoot>，<th>，<thead>，<tr>，<tt>，<ul>，<var>。

支持该事件的 JavaScript 对象：button，checkbox，fileUpload，layer，frame，password，radio，reset，submit，text，textarea，window。

2.8.4 onfocus 事件

onfocus 事件在对象获得焦点时发生。语法格式如下：

onfocus="SomeJavaScriptCode"

表 2.8.5

参 数	描 述
SomeJavaScriptCode	必需。规定该事件发生时执行的 JavaScript

支持该事件的 HTML 标签：<a>，<acronym>，<address>，<area>，<b>，<bdo>，<big>，<blockquote>，<button>，<caption>，<cite>，<dd>，<del>，<dfn>，<div>，<dl>，<dt>，<em>，<fieldset>，<form>，<frame>，<img>，<frameset>，<h1> to <h6>，<hr>，<i>，<iframe>，<input>，<ins>，<kbd>，<label>，<legend>，<li>，<object>，<ol>，<p>，<pre>，<q>，<samp>，<select>，<small>，<span>，<strong>，<sub>，<sup>，<table>，<tbody>，<td>，<textarea>，<tfoot>，<th>，<thead>，<tr>，<tt>，<ul>，<var>。

支持该事件的 JavaScript 对象：button，checkbox，fileUpload，layer，frame，password，radio，reset，select，submit，text，textarea，window。

【任务实施】

使用 JavaScript 对网页密码框的输入进行密码强度检测。关键步骤如下：

(1)设计页面

根据图 2.8.1 所示的界面，创建页面表单元素。代码如下：

```
<form name="form1" method="post" action="">
```

```
<table width="300" height="113" border="0" cellpadding="0" cellspacing="0">
  <tr>
    <td width="80"><strong>输入密码</strong>:</td>
    <td><input type="password" size="10" maxlength="8"></td>
  </tr>
  <tr>
    <td><strong>密码强度</strong>:</td>
    <td>
      <table width="200" border="1" cellspacing="0" cellpadding="1"
bordercolor="#cccccc" height="23" >
        <tr align="center" bgcolor="#eeeeee">
        <td width="33%" id="strength_L">弱</td>
        <td width="33%" id="strength_M">中</td>
        <td width="33%" id="strength_H">强</td>
      </tr>
      </table>
    </td>
  </tr>
</table>
</form>
```

执行效果如图 2.8.2 所示。

图 2.8.2 创建表单元素

(2)编写 JavaScript 代码

使用 JavaScript 编程,根据密码框中输入的字符串判断其强度,代码如下:

```
<script  language="javascript">
 /*判断字符串范围*/
 function CharMode(iN){
   if (iN>=48 && iN <=57)
   return 1;
   if (iN>=65 && iN <=90)
   return 2;
   if (iN>=97 && iN <=122)
   return 4;
   else
```

```
    return 8;
}
/*判断位数*/
function bitTotal(num){
    modes=0;
    for (i=0;i<4;i++){
    if (num & 1) modes++;
    num>>>=1;
    }
    return modes;
}
/*检验强度*/
function checkStrong(sPW){
    if (sPW.length<=4)
    return 0;
    Modes=0;
    for (i=0;i<sPW.length;i++){
    /*返回制定位置的字符的 Unicode 编码*/
    Modes|=CharMode(sPW.charCodeAt(i));
    }
    return bitTotal(Modes);
}
/*密码强度*/
function pwStrength(pwd){
    O_color="#eeeeee";
    L_color="#FF0000";
    M_color="#FF9900";
    H_color="#33CC00";
    if (pwd==null||pwd==''){
    Lcolor=Mcolor=Hcolor=O_color;
    }
    else{
    S_level=checkStrong(pwd);
    switch(S_level) {
    case 0:
    Lcolor=Mcolor=Hcolor=O_color;
    case 1:
```

```
        Lcolor = L_color;
        Mcolor = Hcolor = O_color;
        break;
        case 2:
        Lcolor = Mcolor = M_color;
        Hcolor = O_color;
        break;
        default:
        Lcolor = Mcolor = Hcolor = H_color;
        }
        }
        document.getElementById("strength_L").style.background = Lcolor;
        document.getElementById("strength_M").style.background = Mcolor;
        document.getElementById("strength_H").style.background = Hcolor;
        return;
    }
</script>
```

(3)响应事件

判断字符串的强度的 JavaScript 代码编写完毕后，还需将其响应后才能实现。对密码框添加响应事件，代码如下：

```
<input type="password"   onBlur="pwStrength(this.value)"
onKeyUp="pwStrength(this.value)" size="10" maxlength="8">
```

执行结果如图 2.8.1、图 2.8.3 和图 2.8.4 所示。

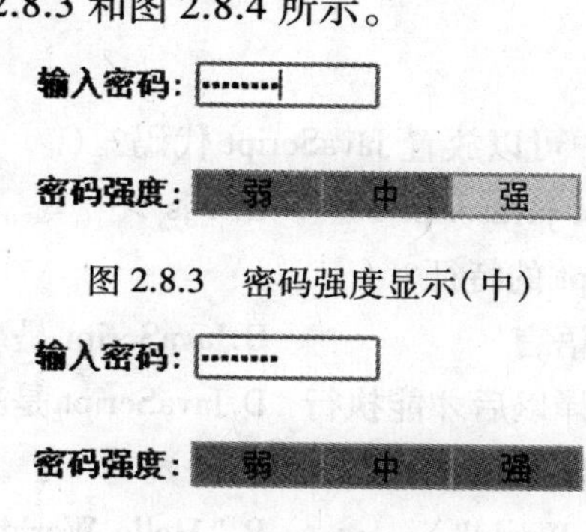

图 2.8.3　密码强度显示(中)

图 2.8.4　密码强度显示(强)

【任务小结】

该任务是用 JavaScript 编程实现网页密码强度检测。主要涉及的 JavaScript 方法有：

charCodeAt() 方法，可返回指定位置的字符的 Unicode 编码。

onkeyup 事件，在键盘按键被松开时触发。

【效果评价】

评价表

项目名称	JavaScript 网页特效	学生姓名	
任务名称	任务 2.8　密码强度检测	分　数	
评分标准		分　值	考核得分
总体得分			
教师简要评语： 教师签名：			

项目 2 练习题

一、选择题

1.在下列哪个 HTML 元素中可以放置 JavaScript 代码？(　　)

A.< script >　　B.< javascript >　　C.< js >　　D.< scripting >

2.以下哪项不属于 JavaScript 的特征？(　　)

A.JavaScript 是一种脚本语言　　B.JavaScript 是事件驱动的

C.JavaScript 代码需要编译以后才能执行　　D.JavaScript 是独立于平台的

3.写“Hello World”的正确 JavaScript 语法是(　　)。

A.document.write("Hello World")　　B."Hello World"

C.response.write("Hello World")　　D.("Hello World")

4.下列 JavaScript 的循环语句中(　　)是正确的？

A.if(i<10;i++)　　B.for(i=0;i<10)

C.for i=1 to 10　　D.for(i=0;i<=10;i++)

5.(　　)表达式产生一个 0~7(含 0,7)的随机整数。

A.Math.floor(Math.random()*6)　　B.Math.floor(Math.random()*7)

C.Math. floor(Math.random() * 8)　　D.Math.ceil(Math.random() * 8)

二、填空题

1.setInterval("alert('welcome');",1000);这段代码的意思是__________。

2.在 JavaScript 中,可以使用 Date 对象的__________方法返回该对象的日期。

3.JavaScript 中 String 对象的正则表达式方法__________用于找到一个或多个正则表达式的匹配。

4.在 HTML DOM 中,Table 对象的__________方法可以从表格中删除一行。

5.JavaScript 中,如果已知 HTML 页面中的某标签对象的 id="username",用__________方法获得该标签对象。

三、程序阅读题

1.以下程序运行后,输出结果是什么?

```
var ss="how do you do";
alert(ss.reaplace("do","are"));
```

2.以下程序运行后,弹出的值是多少?

```
var a=10;
function fun(a){
    a = 5;
}
fun(a);
alert(a);
```

3.阅读以下代码,请分析出结果:

```
alert(Math.max(1,3,4,'10'));
alert(Math.max(1,3,4,'10abc'));
alert(Math.max(1,3,4,NaN));
alert(Math.max(1,3,4,undefined));
```

4.下面的 JavaScript 代码执行后出现的效果是什么?

```
document.bgcolor='green';
```

5.以下代码执行的结果是多少?必须写出正确的结果和正确的原因。

```
var total=16.5;
var number = sum(5.50,5.01,5.99);
alert(total);
function  sum(n1,n2,n3){
    total = Math.round(n1) + Math.ceil(n2) + Math.floor(n3);
    return total;
}
```

综合实训 2

实训 2.1　鼠标滑过图片出现边框

<实训描述>

采用 JavaScript+CSS 技术制作如实训图 2.1 所示效果：鼠标滑过图片出现边框（图片本身没有边框）。

实训图 2.1

<实训说明>

本例涉及的 JavaScript 语法是 style.borderColor。

实训 2.2　倒计时

<实训描述>

使用 JavaScript 在网页上显示当前时间距离 2015 年还有多长时间的倒计时。

<实训说明>

本例涉及的 JavaScript 语法如下：
Date 对象，用于处理日期和时间相关的各类应用。
Date( )方法：返回当日的日期和时间。

项目 3 jQuery 网页特效

【项目描述】

随着 Web 开发技术的发展及用户对应用体验要求的日益提高，程序员开发 Web 应用时，不仅要考虑其功能是否足够完备，更重要的是要考虑如何做才能提高用户的体验满意度。这是理性的回归，也是 Web 开发技术发展的必然趋势，而 jQuery 恰恰是满足这一理性需求的良好工具。

以前学过用行为制作弹出式菜单，这样的菜单看上去样式单一乏味。那么如何才能制作出样式多样的菜单呢？其实我们可以用 jQuery 相关知识便可以制作出各种精美的菜单。

【学习目标】

1.了解 jQuery 的用途和特性。
2.掌握 jQuery 的原理和运行机制。
3.掌握 jQuery 语法。
4.掌握 jQuery 选择器(元素选择器、属性选择器和 CSS 选择器)。
5.掌握 jQuery 事件函数(隐藏、显示、切换、滑动以及动画)。

【能力目标】

1.能够使用 jQuery 设计 DIV 层、列表、表格、表单等网页元素。
2.能够使用 jQuery 制作多种效果的菜单导航。
3.能够使用 jQuery 制作图片特效。
4.能够使用 jQuery 制作文字特效。

任务 3.1　制作网站滑动菜单

【任务描述】

网站导航是所有网站所必备的元素之一。它可以使网站的用户能够清楚自己所浏览的页面位置，并能快速找到自己所感兴趣的页面。滑动菜单就是一种常见的导航形式。

使用 jQuery 来制作网站滑动菜单。效果如图 3.1.1 所示。

首页

师资队伍

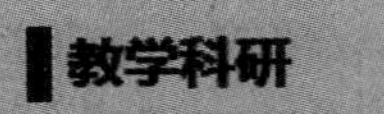

党建工作

图 3.1.1　网站滑动菜单

【知识准备】

3.1.1　jQuery 简介

随着浏览器种类的推陈出新，JavaScript 的兼容性得到了挑战。2006 年，美国人 John Resig 创建了 JavaScript 的另一个框架，它就是 jQuery。

jQuery 是一个 JavaScript 库。jQuery 与 JavaScript 相比，语言更简洁，浏览器的兼容性更强，语法更灵活，对于 Xpath 的支持更强大，一个 $ 符就可以遍历文档中的各级元素。

3.1.1.1　jQuery 库的特性

jQuery 是一个 JavaScript 函数库，包含以下特性：

- HTML 元素选取；
- HTML 元素操作；
- CSS 操作；

- HTML 事件函数；
- JavaScript 特效和动画；
- HTML DOM 遍历和修改；
- AJAX；
- Utilities。

jQuery 官方网站上是这样解释的：jQuery 是一个快速简洁的 JavaScript 库，它可以简化 HTML 文档的元素遍历、事件处理、动画以及 Ajax 交互，快速地开发 Web 应用。它的设计是为了改变 JavaScript 程序的编写。它具有以下特点：

①轻量型：jQuery 是一个轻量型框架、程序短小、配置简单。

②DOM 选择：可以轻松获取任意 DOM 元素，或 DOM 元素封装后的 jQuery 对象。

③CSS 处理：可以轻松设置、删除、读取 CSS 属性。

④链式函数调用：可以将多个函数链接起来被一个 jQuery 对象一次性调用。

⑤事件注册：可以对一个或多个对象注册事件，让画面和事件分离。

⑥对象克隆：可以克隆任意对象及其组件。

⑦Ajax 支持：跨浏览器，支持 Internet Explorer 6.0+、Opera 9.0+、Firefox 2+、Safari 2.0+、Google Chrome 1.0+。

3.1.1.2 jQuery 能做什么

jQuery 库为 Web 脚本编程提供了通用的抽象层，使得它几乎适用于任何脚本编程的情形。jQuery 能够满足以下需求：

①取得页面中的元素。

②修改页面的外观。在 jQuery 的众多功能函数中，有专门修改 CSS 样式设定的函数，通过这些函数可以动态修改页面外观。

③改变页面的内容。jQuery 能够影响的范围并不局限于简单的外观变化。使用少量的代码，jQuery 就能改变文档的内容。它还可以改变文本、插入或翻转图像、对列表重新排序，甚至对 HTML 文档的整个结构都能重写和扩充。

④响应用户的页面操作。即使是最强大和精心设计的行为，如果无法控制它何时发生，也毫无用处。jQuery 提供了截取形形色色的页面事件的适当方式，而不需要使用事件处理程序搞乱 HTML 代码。

⑤为页面添加动态效果。为了实现某种交互行为，设计者必须向用户提供视觉上的反馈。jQuery 中内置了一批淡入、擦除之类的效果及制作新效果的工具包，为此提供便利。

⑥无需刷新页面即可从服务器获取信息。

⑦简化常见的 JavaScript 任务。

3.1.1.3 向页面添加 jQuery 库

在 jQuery 官网上可以找到各种版本的 jQuery 库下载，每种版本几乎都有 3 种形式：

①Uncompressed——表示未压缩的脚本库文件。

②Minified——压缩后的类库文件，在网站正式上线运行时，应该使用这种形式的库文件。

③Visual Studio——这种版本是专门为 VS 工具提供的库文件，其中带有完整文档注释，可以为 VS 工具提供智能感知支持。

jQuery 库位于单个的 JavaScript 文件中,其中包含所有 jQuery 函数。

可以通过下面的标记把 jQuery 添加到网页中:

```
<head>
<script type="text/javascript" src="jquery.js"></script>
</head>
```

请注意,<script> 标签应该位于页面的 <head> 部分。

3.1.2 jQuery 语法

通过 jQuery,可以选取(查询,query) HTML 元素,并对它们执行"操作"(actions)。jQuery 语法是为 HTML 元素的选取而编制,可以对元素执行某些操作。基础语法是:

$(selector).action()

- 美元符号"$"定义 jQuery;
- 选择符(selector)"查询"和"查找" HTML 元素;
- jQuery action()执行对元素的操作。

3.1.2.1 $(this).hide()函数

$(this).hide()函数用于隐藏当前的 HTML 元素。应用方法如下:

```
<html>
<head>
<script type="text/javascript"
src="http://code.jquery.com/jquery-1.8.3.js">
</script>
<script type="text/javascript">
  $(document).ready(function(){
  $("button").click(function(){
  $(this).hide();
});
});
</script>
</head>
<body>
<button type="button">点我,我就消失! </button>
</body>
</html>
```

图 3.1.2 隐藏当前元素

执行效果如图 3.1.2 所示。

3.1.2.2 $("p").hide()函数

$("p").hide()函数用于隐藏所有<p>元素。应用方法如下:

```
<html>
<head>
```

```
<script type="text/javascript"
src="http://code.jquery.com/jquery-1.8.3.js">
</script>
<script type="text/javascript">
  $(document).ready(function(){
  $("button").click(function(){
  $("p").hide();
});
});
</script>
</head>
<body>
<h2>This is a heading</h2>
<p>This is a paragraph.</p>
<p>This is another paragraph.</p>
<button type="button">点我</button>
</body>
</html>
```

执行效果如图 3.1.3 所示。

单击“点我”按钮,执行结果如图 3.1.4 所示。

This is a heading

This is a paragraph.

This is another paragraph.

点我

图 3.1.3 添加 $("p").hide()代码

This is a heading

点我

图 3.1.4 隐藏所有<p>元素

由于“This is a paragraph.”和“This is another paragraph.”置于<p></p>标签中,因此执行 $("p").hide()函数后便被隐藏了。

3.1.2.3 $(".test").hide()函数

$(".test").hide()函数用于隐藏所有 class="test" 的元素。应用方法如下:

```
<html>
<head>
<script type="text/javascript"
src="http://code.jquery.com/jquery-1.8.3.js">
</script>
<script type="text/javascript">
  $(document).ready(function()
  {
```

```
    $("button").click(function()
    {
    $(".test").hide();
    });
    });
</script>
</head>
<body>
<h2 class="test">This is a heading</h2>
<p class="test">This is a paragraph.</p>
<p>This is another paragraph.</p>
<button type="button">点我</button>
</body>
</html>
```

执行效果如图 3.1.5 所示。

单击“点我”按钮，执行结果如图 3.1.6 所示。

This is a heading

This is a paragraph.

This is another paragraph.

图 3.1.5 添加 $(".test").hide()代码

This is another paragraph.

点我

图 3.1.6 隐藏所有 class="test" 的元素

由于“This is a heading”和“This is a paragraph.”的 class 属性值均为 test，因此执行 $(".test").hide()函数后便被隐藏了。

3.1.2.4 $("#test").hide()函数

$("#test").hide()函数用于隐藏所有 id="test" 的元素。应用方法如下：

```
<html>
<head>
<script type="text/javascript"
src="http://code.jquery.com/jquery-1.8.3.js">
</script>
<script type="text/javascript">
  $(document).ready(function(){
  $("button").click(function(){
  $("#test").hide();
  });
  });
</script>
```

```
</head>
<body>
<h2>This is a heading</h2>
<p>This is a paragraph.</p>
<p id="test">This is another paragraph.</p>
<button type="button">点我</button>
</body>
</html>
```

执行效果如图 3.1.7 所示。

单击"点我"按钮,执行结果如图 3.1.8 所示。

This is a heading

This is a paragraph.

This is another paragraph.

点我

图 3.1.7　添加 $("#test").hide()代码

This is a heading

This is a paragraph.

点我

图 3.1.8　隐藏所有 id="test" 的元素

由于"This is another paragraph."的 id 属性值为 test,因此执行 $("#test").hide() 函数后便被隐藏了。

大家也许已经注意到,运行代码中的所有 jQuery 函数位于一个 document ready 函数中:

```
$(document).ready(function(){
--- jQuery functions go here ----
});
```

$(" button ") 是一个 jQuery 选择器, $ 本身表示一个 jQuery 类,所有 $()是构造一个 jQuery 对象,click()是这个对象的方法。同理, $(document)也是一个 jQuery 对象,ready(fn) 是 $(document)的方法,表示当 document 全部加载完毕时执行函数。

3.1.3　jQuery 选择器

3.1.3.1　jQuery 选择器

jQuery 选择器允许对 HTML 元素组或单个元素进行操作。

jQuery 元素选择器和属性选择器允许通过标签名、属性名或内容对 HTML 元素进行选择。选择器允许对 DOM 元素组或单个 DOM 节点进行操作。

(1)jQuery 元素选择器

jQuery 使用 CSS 选择器来选取 HTML 元素。

例:

$("p")选取 <p> 元素。

$("p.intro")选取所有 class="intro" 的 <p> 元素。

$("p#demo")选取 id="demo" 的第一个 <p> 元素。

(2)jQuery 属性选择器

jQuery 使用 Xpath 表达式来选择带有给定属性的元素。

例:

$("[href]")选取所有带有 href 属性的元素。

$("[href='#']")选取所有带有 href 值等于"#"的元素。

$("[href!='#']")选取所有带有 href 值不等于"#"的元素。

$("[href $='.jpg']")选取所有 href 值以".jpg"结尾的元素。

(3)jQuery CSS 选择器

jQuery CSS 选择器可用于改变 HTML 元素的 CSS 属性。

例:

$("p").css("background-color","red");

这条语句实现把所有 p 元素的背景颜色更改为红色。

表 3.1.1

语 法	描 述
$(this)	当前 HTML 元素
$("p")	所有 <p> 元素
$("p.intro")	所有 class="intro" 的 <p> 元素
$(".intro")	所有 class="intro" 的元素
$("#intro")	id="intro"的第一个元素
$("ul li:first")	每个 <ul> 的第一个 <li> 元素
$("[href $='.jpg']")	所有带有以".jpg"结尾的 href 属性的属性
$("div#intro .head")	id="intro"的 <div> 元素中的所有 class="head" 的元素

3.1.3.2 jQuery 选择器参考手册

表 3.1.2

选择器	实 例	选 取
*	$("*")	所有元素
#id	$("#lastname")	id=lastname 的元素
.class	$(".intro")	所有 class="intro" 的元素
element	$("p")	所有 <p> 元素
.class.class	$(".intro.demo")	所有 class=intro 且 class=demo 的元素
:first	$("p:first")	第一个 <p> 元素
:last	$("p:last")	最后一个 <p> 元素
:even	$("tr:even")	所有偶数 <tr> 元素
:odd	$("tr:odd")	所有奇数 <tr> 元素

续表

选择器	实　例	选　取
:eq(index)	$("ul li:eq(3)")	列表中的第四个元素(index 从 0 开始)
:gt(no)	$("ul li:gt(3)")	列出 index 大于 3 的元素
:lt(no)	$("ul li:lt(3)")	列出 index 小于 3 的元素
:not(selector)	$("input:not(:empty)")	所有不为空的 input 元素
:header	$(":header")	所有标题元素 <h1><h2>…
:animated		所有动画元素
:contains(text)	$(":contains('W3School')")	包含文本的所有元素
:empty	$(":empty")	无子(元素)节点的所有元素
:hidden	$("p:hidden")	所有隐藏的 <p> 元素
:visible	$("table:visible")	所有可见的表格
s1,s2,s3	$("th,td,.intro")	所有带有匹配选择的元素
[attribute]	$("[href]")	所有带有 href 属性的元素
[attribute=value]	$("[href='#']")	所有 href 属性的值等于"#"的元素
[attribute! =value]	$("[href! ='#']")	所有 href 属性的值不等于"#"的元素
[attribute $ =value]	$("[href $ ='.jpg']")	所有 href 属性的值包含".jpg"的元素
:input	$(":input")	所有 <input> 元素
:text	$(":text")	所有 type="text" 的 <input> 元素
:password	$(":password")	所有 type="password" 的 <input> 元素
:radio	$(":radio")	所有 type="radio" 的 <input> 元素
:checkbox	$(":checkbox")	所有 type="checkbox" 的 <input> 元素
:submit	$(":submit")	所有 type="submit" 的 <input> 元素
:reset	$(":reset")	所有 type="reset" 的 <input> 元素
:button	$(":button")	所有 type="button" 的 <input> 元素
:image	$(":image")	所有 type="image" 的 <input> 元素
:file	$(":file")	所有 type="file" 的 <input> 元素
:enabled	$(":enabled")	所有激活的 input 元素
:disabled	$(":disabled")	所有禁用的 input 元素
:selected	$(":selected")	所有被选取的 input 元素
:checked	$(":checked")	所有被选中的 input 元素

3.1.4 jQuery 事件

jQuery 事件处理函数是 jQuery 的核心函数。

事件处理函数是当 HTML 中发生事件时自动被调用的函数。“事件”(event)“触发”(triggered)是经常被用到的术语。

由于 jQuery 是为事件处理特别设计的,通常是把 jQuery 代码置于网页 <head> 部分的“事件处理”函数中:

```
<html>
<head>
<script type="text/javascript" src="jquery.js"></script>
<script type="text/javascript">
    $(document).ready(function(){
    $("button").click(function(){
    $("p").hide();
  });
});
</script>
</head>
<body>
<h2>This is a heading</h2>
<p>This is a paragraph.</p>
<p>This is another paragraph.</p>
<button type="button">点我</button>
</body>
</html>
```

在上面的例子中,定义了一个处理 HTML 按钮点击事件的 click 函数:

```
$("button").click(function(){..some code...})
```

click 函数内部的代码隐藏所有 <p> 元素:

```
$("p").hide();
```

所有事件函数都在文档自身的“事件处理器”内部进行定义:

```
$(document).ready(function(){..some code...})
```

3.1.4.1 jQuery 事件参考手册

(1)jQuery 事件方法

事件方法会触发匹配元素的事件,或将函数绑定到所有匹配元素的某个事件。

例:

```
$("button#demo").click()
```

上面的语句将触发 id="demo" 的 button 元素的 click 事件。

例:

```
$("button#demo").click(function(){$("img").hide()})
```

上面的语句会在点击 id="demo" 的按钮时隐藏所有图像。

表 3.1.3

方法	描述
ready()	文档就绪事件(当 HTML 文档就绪可用时)
blur()	触发或将函数绑定到指定元素的 blur 事件
change()	触发或将函数绑定到指定元素的 change 事件
click()	触发或将函数绑定到指定元素的 click 事件
dblclick()	触发或将函数绑定到指定元素的 double click 事件
error()	触发或将函数绑定到指定元素的 error 事件
focus()	触发或将函数绑定到指定元素的 focus 事件
keydown()	触发或将函数绑定到指定元素的 key down 事件
keypress()	触发或将函数绑定到指定元素的 key press 事件
keyup()	触发或将函数绑定到指定元素的 key up 事件
load()	触发或将函数绑定到指定元素的 load 事件
mousedown()	触发或将函数绑定到指定元素的 mouse down 事件
mouseenter()	触发或将函数绑定到指定元素的 mouse enter 事件
mouseleave()	触发或将函数绑定到指定元素的 mouse leave 事件
mousemove()	触发或将函数绑定到指定元素的 mouse move 事件
mouseout()	触发或将函数绑定到指定元素的 mouse out 事件
mouseover()	触发或将函数绑定到指定元素的 mouse over 事件
mouseup()	触发或将函数绑定到指定元素的 mouse up 事件
resize()	触发或将函数绑定到指定元素的 resize 事件
scroll()	触发或将函数绑定到指定元素的 scroll 事件
select()	触发或将函数绑定到指定元素的 select 事件
submit()	触发或将函数绑定到指定元素的 submit 事件
unload()	触发或将函数绑定到指定元素的 unload 事件

(2)jQuery 事件处理方法

事件处理方法把事件处理器绑定至匹配元素。

表 3.1.4

方法	触发
$(selector).bind(event)	向匹配元素添加一个或更多事件处理器
$(selector).delegate(selector, event)	向匹配元素添加一个事件处理器,现在或将来
$(selector).die()	移除所有通过 live() 函数添加的事件处理器
$(selector).live(event)	向匹配元素添加一个事件处理器,现在或将来

续表

方 法	触 发
$(selector).one(event)	向匹配元素添加一个事件处理器。该处理器只能触发一次
$(selector).unbind(event)	从匹配元素移除一个被添加的事件处理器
$(selector).undelegate(event)	从匹配元素移除一个被添加的事件处理器,现在或将来
$(selector).trigger(event)	所有匹配元素的指定事件
$(selector).triggerHandler(event)	第一个被匹配元素的指定事件

3.1.4.2 jQuery 常用事件函数

jQuery 常用的事件函数包括:隐藏、显示、切换、滑动以及动画。

(1)jQuery 隐藏和显示

通过 hide() 和 show() 两个函数,jQuery 支持对 HTML 元素的隐藏和显示。使用方法如下:

```
$("#hide").click(function(){
$("p").hide();
});
$("#show").click(function(){
$("p").show();
});
```

例:

```
<html>
<head>
<script src="http://code.jquery.com/jquery-1.8.3.js"></script>
<script type="text/javascript">
    $(document).ready(function(){
    $("#hide").click(function(){
    $("p").hide();
  });
    $("#show").click(function(){
    $("p").show();
  });
});
</script>
</head>
<body>
<p id="p1">如果点击“隐藏”按钮,我就会消失。</p>
<button id="hide" type="button">隐藏</button>
```

```
<button id="show" type="button">显示</button>
</body>
</html>
```

执行效果如图 3.1.9 所示，此效果也是点击“显示”按钮所实现的状态：

点击“隐藏”按钮，执行效果如图 3.1.10 所示。

如果点击“隐藏”按钮，我就会消失。

隐藏 显示

图 3.1.9　show()函数

隐藏 显示

图 3.1.10　hide()函数

hide()和 show()都可以设置两个可选参数：speed 和 callback。语法格式如下：

$(selector).hide(speed,callback)

$(selector).show(speed,callback)

callback 参数是在 hide 或 show 函数完成之后被执行的函数名称。

speed 参数规定隐藏/显示的速度，可以取以下值：“slow”“fast”或毫秒值。

例：

```
<html>
<head>
<script src="http://code.jquery.com/jquery-1.8.3.js"></script>
<script type="text/javascript">
    $(document).ready(function(){
    $("button").click(function(){
    $("p").hide(1000);
  });
});
</script>
</head>
<body>
<button type="button">隐藏</button>
<p>这是一个段落。</p>
<p>这是另一个段落。</p>
</body>
</html>
```

执行效果如图 3.1.11 所示。

点击“隐藏”按钮，文本将缓缓被隐藏。执行效果如图 3.1.12 所示。

隐藏

这是一个段落。

这是另一个段落。

图 3.1.11　speed 参数设置 1 000 ms

图 3.1.12　speed 参数设置 1 000 ms 执行效果

(2)jQuery 滑动函数

1)slideDown()

slideDown()函数通过使用滑动效果显示隐藏的被选元素。语法格式如下:

$(selector).slideDown(speed,callback)

speed 参数可以设置这些值:"slow""fast""normal"或毫秒值。

callback 参数是 slideDown 函数完成之后被执行的函数名称。

注意:

- 如果元素已经是完全可见,则该效果不产生任何变化,除非规定了 callback 函数。
- 该效果适用于通过 jQuery 隐藏的元素,或在 CSS 中声明 display:none 的元素(但不适用于 visibility:hidden 的元素)。

2)slideUp()

如果被选元素已显示,slideUp()函数通过使用滑动效果隐藏该元素。语法格式如下:

$(selector).slideUp(speed,callback)

speed 参数可以设置这些值:"slow""fast""normal"或毫秒值。

callback 参数是 slideDown 函数完成之后被执行的函数名称。

注意:如果元素已经隐藏,则该效果不产生任何变化,除非规定了 callback 函数。

例:

```
<html>
<head>
<script src="http://code.jquery.com/jquery-1.8.3.js"></script>
<script type="text/javascript">
$(document).ready(function(){
  $(".btn1").click(function(){
  $("p").slideUp(1000);
  });
  $(".btn2").click(function(){
  $("p").slideDown(1000);
  });
});
</script>
</head>
<body>
<p>This is a paragraph.</p>
<button class="btn1">隐藏</button>
<button class="btn2">显示</button>
</body>
</html>
```

运行以上代码,看看效果如何。

3)jQuery toggle()

jQuery toggle()函数切换元素的可见状态。如果被选元素可见,则隐藏这些元素;如果被选元素隐藏,则显示这些元素。语法格式如下:

```
$(selector).toggle(speed,callback)
```

speed 参数可以设置这些值:"slow""fast""normal"或毫秒值。

callback 参数是 toggle 函数执行完之后要执行的函数。

例:

```
<html>
<head>
<script src="http://code.jquery.com/jquery-1.8.3.js"></script>
<script type="text/javascript">
    $(document).ready(function(){
    $(".btn1").click(function(){
    $("p").toggle(1000);
    });
});
</script>
</head>
<body>
<p>This is a paragraph.</p>
<button class="btn1">Toggle</button>
</body>
</html>
```

执行效果如图 3.1.13 所示。

This is a paragraph.

图 3.1.13　jQuery toggle()方法

点击"toggle"按钮,对"This is a paragraph."文本进行隐藏和显示的切换。

(3)jQuery Fade 函数

1)fadeIn()

假如被选元素是隐藏的,fadeIn()方法使用淡入效果来显示被选元素。语法格式如下:

```
$(selector).fadeIn(speed,callback)
```

speed 参数可以设置这些值:"slow""fast""normal"或毫秒值。

callback 参数是 fadeIn 函数执行完之后要执行的函数。

2)fadeOut()

假如被选元素是显示的,fadeOut()方法使用淡出效果来隐藏被选元素。语法格式如下:

```
$(selector).fadeOut(speed,callback)
```

speed 参数可以设置这些值:"slow""fast""normal"或毫秒值。

callback 参数是 fadeIn 函数执行完之后要执行的函数。

例：

```
<html>
<head>
<script src="http://code.jquery.com/jquery-1.8.3.js"></script>
<script type="text/javascript">
$(document).ready(function(){
  $(".btn1").click(function(){
  $("p").fadeOut(1000);
  });
  $(".btn2").click(function(){
  $("p").fadeIn(1000);
  });
});
</script>
</head>
<body>
<p>This is a paragraph.</p>
<button class="btn1">隐藏</button>
<button class="btn2">显示</button>
</body>
</html>
```

运行以上代码，看看和滑动函数有什么不一样的效果。

3)fadeTo()

fadeTo()方法将被选元素的不透明度逐渐改变为指定的值。语法格式如下：

$(selector).fadeTo(speed,opacity,callback)

fadeTo()函数中的 opacity 参数指定要淡入或淡出的透明度，必须是 0.00~1.00 的数字。

```
<html>
<head>
<script src="http://code.jquery.com/jquery-1.8.3.js"></script>
<script type="text/javascript">
$(document).ready(function(){
  $(".btn1").click(function(){
  $("p").fadeTo(1000,0.4);
  });
});
</script>
</head>
<body>
```

```
<p>This is a paragraph.</p>
<button class="btn1">FadeTo</button>
</body>
</html>
```

运行以上代码,并修改其透明度数值,看看有什么不一样的效果。

3.1.5　jQuery HTML 操作

3.1.5.1　改变 HTML 内容

html()方法返回或设置被选元素的内容 (inner HTML)。如果该方法未设置参数,则返回被选元素的当前内容。

(1)返回元素内容

当使用该方法返回一个值时,它会返回第一个匹配元素的内容。语法格式如下:

```
$(selector).html()
```

例:

```
<html>
<head>
<script src="http://code.jquery.com/jquery-1.8.3.js"></script>
<script type="text/javascript">
$(document).ready(function(){
  $(".btn1").click(function(){
    alert($("p").html());
  });
});
</script>
</head>
<body>
<p>This is a paragraph.</p>
<button class="btn1">改变 p 元素的内容</button>
</body>
</html>
```

执行效果如图 3.1.14 所示。

点击"改变 p 元素的内容"按钮,弹出如图 3.1.14 所示的提示框。

(2)设置元素内容

当使用该方法设置一个值时,它会覆盖所有匹配元素的内容。语法格式如下:

```
$(selector).html(content)
```

Content 参数规定被选元素的新内容。该参数可包含 HTML 标签。

例:

```
<html>
<head>
```

This is a paragraph.

改变 p 元素的内容

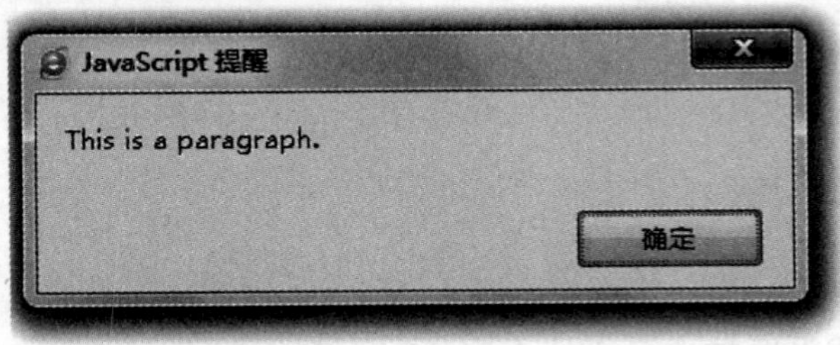

图 3.1.14　$(selector).html()

```
<script src="http://code.jquery.com/jquery-1.8.3.js"></script>
<script type="text/javascript">
 $(document).ready(function(){
   $(".btn1").click(function(){
     $("p").html("Hello <b>world!</b>");
   });
});
</script>
</head>
<body>
<p>This is a paragraph.</p>
<p>This is another paragraph.</p>
<button class="btn1">改变 p 元素的内容</button>
</body>
</html>
```

执行效果如图 3.1.15 所示。

This is a paragraph.

This is another paragraph.

改变 p 元素的内容

图 3.1.15　添加 $(selector).html(Content)

点击“改变 p 元素的内容”按钮，执行效果如图 3.1.16 所示。

Hello **world!**

Hello **world!**

改变 p 元素的内容

图 3.1.16　执行 $(selector).html(Content)

(3)使用函数来设置元素内容

使用函数来设置所有匹配元素的内容,语法格式如下:

$(selector).html(function(index,oldcontent))

function(index,oldcontent)参数规定一个返回被选元素的新内容的函数。

Index,接收选择器的 index 位置;oldcontent ,接收选择器的当前内容。

例:

```
<html>
<head>
<script src="http://code.jquery.com/jquery-1.8.3.js"></script>
<script type="text/javascript">
$(document).ready(function(){
    $("button").click(function(){
      $("p").html(function(n){
    return "这个 p 元素的 index 是:" + n;
      });
  });
});
</script>
</head>
<body>
<p>这是一个段落。</p>
<p>这是另一个段落。</p>
<button>改变 p 元素的内容</button>
</body>
</html>
```

执行效果如图 3.1.17 所示。

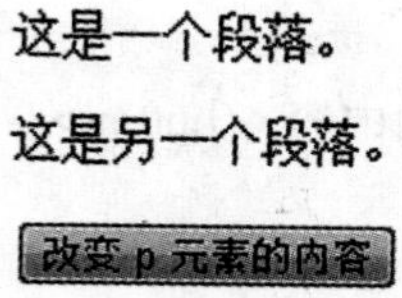

这是一个段落。

这是另一个段落。

改变 p 元素的内容

图 3.1.17　添加 $(selector).html(function(index,oldcontent))

点击"改变 p 元素的内容"按钮,执行效果如图 3.1.18 所示。

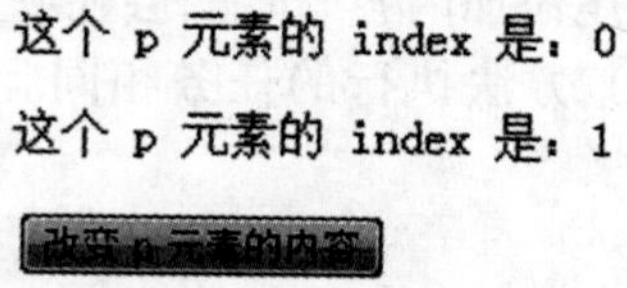

这个 p 元素的 index 是:0

这个 p 元素的 index 是:1

改变 p 元素的内容

图 3.1.18　执行 $(selector).html(function(index,oldcontent))

3.1.5.2 添加 HTML 内容

(1) append( )

append( )函数向所匹配的 HTML 元素内部追加内容。语法格式如下:

```
$(selector).append(content)
```

Content 参数规定要插入的内容(可包含 HTML 标签)。

append( )函数还可以使用函数在指定元素的结尾插入内容。语法格式如下:

```
$(selector).append(function(index,html))
```

function(index,html)参数规定返回待插入内容的函数。

index,接收选择器的 index 位置;Html,接收选择器的当前 HTML。

例:

```
<html>
<head>
<script src="http://code.jquery.com/jquery-1.8.3.js"></script>
<script type="text/javascript">
$(document).ready(function(){
  $("button").click(function(){
    $("p").append(function(n){
      return "<b>This p element has index " + n + "</b>";
    });
  });
});
</script>
</head>
<body>
<h1>This is a heading</h1>
<p>This is a paragraph.</p>
<p>This is another paragraph.</p>
<button>在每个 p 元素的结尾添加内容</button>
</body>
</html>
```

执行效果如图 3.1.19 所示。

点击"在每个 p 元素的结尾添加内容"按钮,执行效果如图 3.1.20 所示。

继续点击"在每个 p 元素的结尾添加内容"按钮,会在 p 元素的结尾继续添加内容。

注意:append( )和 appendTo( ) 方法执行的任务相同。不同之处在于内容的位置和选择器。

(2) prepend( )

prepend( )函数向所匹配的 HTML 元素内部预置(Prepend)内容。语法格式如下:

```
$(selector).prepend(content)
```

Content 参数规定要插入的内容(可包含 HTML 标签)。

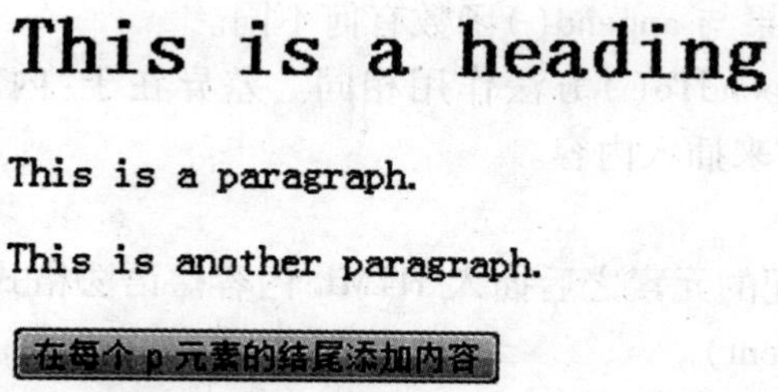

This is a heading

This is a paragraph.

This is another paragraph.

在每个 p 元素的结尾添加内容

图 3.1.19　添加 $(selector).append(function(index,html))

This is a heading

This is a paragraph. **This p element has index 0**

This is another paragraph. **This p element has index 1**

在每个 p 元素的结尾添加内容

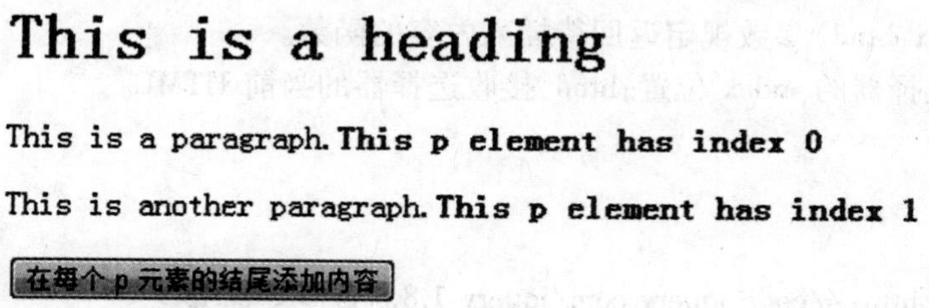

图 3.1.20　执行 $(selector).append(function(index,html))

$(selector).prepend(function(index,html))

function(index,html)参数规定返回待插入内容的函数。

index,接收选择器的 index 位置;html,接收选择器的当前 HTML。

例:

```
<html>
<head>
<script src="http://code.jquery.com/jquery-1.8.3.js"></script>
<script type="text/javascript">
$(document).ready(function(){
  $("button").click(function(){
    $("p").prepend(function(n){
      return "<b>这个 p 元素的 index 是:" + n + "</b> ";
    });
  });
});
</script>
</head>
<body>
<h1>这是一个标题</h1>
<p>这是一个段落。</p>
<p>这是另一个段落。</p>
<button>在每个 p 元素的开头插入内容</button>
</body>
</html>
```

运行上例代码,看看结果与 append( )函数有何不同。

注意:prepend( )和 prependTo( )方法作用相同。差异在于:内容和选择器的位置,以及 prependTo( ) 无法使用函数来插入内容。

(3) after( )

after( )函数在所有匹配的元素之后插入 HTML 内容。语法格式如下:

$(selector).after(content)

Content 参数规定要插入的内容(可包含 HTML 标签)。

$(selector).after(function(index,html))

function(index,html)参数规定返回待插入内容的函数。

index,接收选择器的 index 位置;html,接收选择器的当前 HTML。

例:

```
<html>
<head>
<script src="http://code.jquery.com/jquery-1.8.3.js"></script>
<script type="text/javascript">
 $(document).ready(function(){
   $("button").click(function(){
     $("p").after("<p>Hello world! </p>");
   });
 });
</script>
</head>
<body>
<p>This is a paragraph.</p>
<button>在每个 p 元素后插入内容</button>
</body>
</html>
```

执行效果如图 3.1.21 所示。

This is a paragraph.

在每个 p 元素后插入内容

图 3.1.21　添加 $(selector).after(content)

点击“在每个 p 元素后插入内容”按钮,执行效果如图 3.1.22 所示。

继续点击“在每个 p 元素后插入内容”按钮,执行效果如图 3.1.23 所示。

(4) before( )

before( )函数在所有匹配的元素之前插入 HTML 内容。

试一试:

将其上例中的 after( )函数更改成 before( )函数,运行观察其结果。

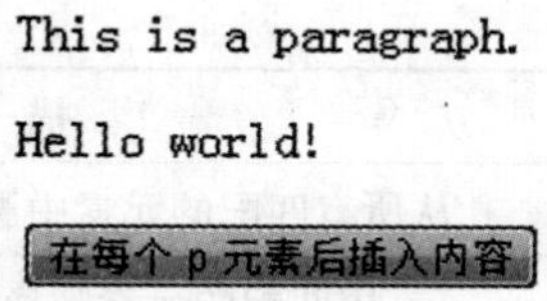

This is a paragraph.

Hello world!

在每个 p 元素后插入内容

图 3.1.22　执行 $(selector).after(content)

This is a paragraph.

Hello world!

Hello world!

Hello world!

在每个 p 元素后插入内容

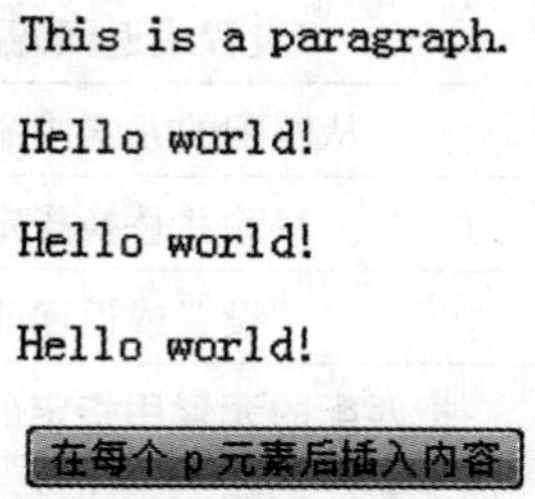

图 3.1.23　继续执行 $(selector).after(content)

3.1.5.3　jQuery HTML 操作—文档操作参考手册

前面介绍了几种文档操作的常用方法。这里归纳总结一下所涉及的文档操作方法。这些方法对于 XML 文档和 HTML 文档均是适用的。

表 3.1.5

方　法	描　述
addClass()	向匹配的元素添加指定的类名
after()	在匹配的元素之后插入内容
append()	向匹配的元素内部追加内容
appendTo()	向匹配的元素内部追加内容
attr()	设置或返回匹配元素的属性和值
before()	在每个匹配的元素之前插入内容
clone()	创建匹配元素集合的副本
detach()	从 DOM 中移除匹配元素集合
empty()	删除匹配的元素集合中所有的子节点
hasClass()	检查匹配的元素是否拥有指定的类
html()	设置或返回匹配的元素集合中的 HTML 内容
insertAfter()	把匹配的元素插入到另一个指定的元素集合的后面
insertBefore()	把匹配的元素插入到另一个指定的元素集合的前面
prepend()	向每个匹配的元素内部前置内容
prependTo()	向每个匹配的元素内部前置内容
remove()	移除所有匹配的元素
removeAttr()	从所有匹配的元素中移除指定的属性

续表

方 法	描 述
removeClass( )	从所有匹配的元素中删除全部或者指定的类
replaceAll( )	用匹配的元素替换所有匹配到的元素
replaceWith( )	用新内容替换匹配的元素
text( )	设置或返回匹配元素的内容
toggleClass( )	从匹配的元素中添加或删除一个类
unwrap( )	移除并替换指定元素的父元素
val( )	设置或返回匹配元素的值
wrap( )	把匹配的元素用指定的内容或元素包裹起来
wrapAll( )	把所有匹配的元素用指定的内容或元素包裹起来
wrapinner( )	将每一个匹配的元素的子内容用指定的内容或元素包裹起来

3.1.6 jQuery CSS 函数

3.1.6.1 jQuery CSS 操作

jQuery 拥有 3 种供 CSS 操作的重要函数：

- $(selector).css(name,value)
- $(selector).css({properties})
- $(selector).css(name)

函数 css(name,value) 为所有匹配元素的给定 CSS 属性设置值：

```
$(selector).css(name,value)
$("p").css("background-color","yellow");
```

函数 css({properties}) 同时为所有匹配元素的一系列 CSS 属性设置值：

```
$(selector).css({properties})
$("p").css({"background-color":"yellow","font-size":"200%"});
```

函数 css(name) 返回指定的 CSS 属性的值：

```
$(selector).css(name)
$(this).css("background-color");
```

3.1.6.2 jQuery Size 操作

jQuery 拥有两种供尺寸操作的重要函数：

- $(selector).height(value)
- $(selector).width(value)

函数 height(value) 设置所有匹配元素的高度：

```
$(selector).height(value)
$("#id100").height("200px");
```

函数 width(value) 设置所有匹配元素的宽度：

```
$(selector).width(value)
$("#id200").width("300px");
```

3.1.6.3　jQuery CSS 操作参考手册

表 3.1.6 列出这些方法设置或返回元素的 CSS 相关属性。

表 3.1.6

CSS 属性	描　述
css()	设置或返回匹配元素的样式属性
height()	设置或返回匹配元素的高度
offset()	返回第一个匹配元素相对于文档的位置
offsetParent()	返回最近的定位祖先元素
position()	返回第一个匹配元素相对于父元素的位置
scrollTop()	设置或返回匹配元素相对滚动条顶部的偏移
scrollLeft()	设置或返回匹配元素相对滚动条左侧的偏移
width()	设置或返回匹配元素的宽度

【任务实施】

在任务 2.1 的基础上，使用 jQuery 来制作网站滑动菜单。关键步骤如下：

(1)创建二级目录

采用列表项为其导航添加二级目录，代码如下：

```
<div class="even">
  <h1><a  href="#">学院概况</a></h1>
  <ul>
    <li><a href="#">学院简介</a></li>
    <li><a href="#">机构设置</a></li>
    <li><a href="#">专业建设</a></li>
    <li><a href="#">联系我们</a></li>
  </ul>
</div>
<div>
  <h1><a  href="#">师资队伍</a></h1>
  <ul>
  <li><a href="#">师资简介</a></li>
  <li><a href="#">教师个人风采</a></li>
  <li><a href="#">师资培养</a></li>
  </ul>
```

```
</div>
```

由于菜单涉及 2 级，因此每个层都需要进行控制。从上面的代码看来，第二个 div 则没法控制。因此为其添加 class 属性，并修改第一个 div 的 class 属性。后面相应的 div 同理依次设置。代码如下：

```
<div  id=navhear>
  <h1><a  href="#">首页</a></h1>
</div>
<div class=" even catalogue">
  <h1><a  href="#">学院概况</a></h1>
  <ul>
    <li><a href="#">学院简介</a></li>
    <li><a href="#">机构设置</a></li>
    <li><a href="#">专业建设</a></li>
    <li><a href="#">联系我们</a></li>
  </ul>
</div>
<div  class="catalogue">
  <h1><a  href="#">师资队伍</a></h1>
  <ul>
    <li><a href="#">师资简介</a></li>
    <li><a href="#">教师个人风采</a></li>
    <li><a href="#">师资培养</a></li>
  </ul>
  </div>
  <div class=" even catalogue">
    <h1><a  href="#">教学科研</a></h1>
  <ul>
    <li><a href="#">教学管理</a></li>
    <li><a href="#">科研工作</a></li>
    <li><a href="#">课程建设</a></li>
  </ul>
</div>
  <div  class="catalogue">
    <h1><a  href="#">党建工作</a></h1>
    <ul>
    <li><a href="#">党员风采</a></li>
    <li><a href="#">党建动态</a></li>
    <li><a href="#">书记荐读</a></li>
    <li><a href="#">心得体会</a></li>
```

```
    </ul>
  </div>
  <div class="even catalogue">
    <h1><a  href="#">实训基地</a></h1>
    <ul>
      <li><a href="#">基地简介</a></li>
      <li><a href="#">校内实训基地</a></li>
      <li><a href="#">校外实训基地</a></li>
      <li><a href="#">校企合作交流</a></li>
    </ul>
  </div>
  <div  class="catalogue">
    <h1><a  href="#">学生园地</a></h1>
    <ul>
      <li><a href="#">团总支学生会</a></li>
      <li><a href="#">社团天地</a></li>
      <li><a href="#">班级风采</a></li>
      <li><a href="#">素质教育</a></li>
      <li><a href="#">光荣榜</a></li>
    </ul>
  </div>
  <div  class="even catalogue">
    <h1><a  href="#">招生就业</a></h1>
    <ul>
      <li><a href="#">招生信息</a></li>
      <li><a href="#">就业信息</a></li>
      <li><a href="#">就业指导</a></li>
      <li><a href="#">毕业生风采</a></li>
    </ul>
  </div>
```

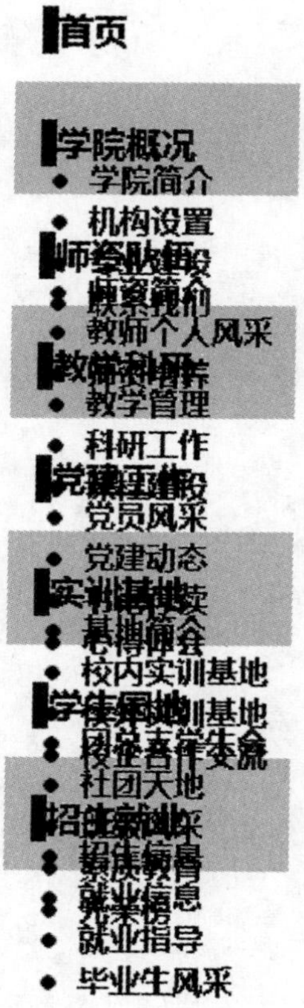

图 3.1.24　创建二级目录

执行效果如图 3.1.24 所示。

(2)二级目录样式设置

从图 3.1.1 可知,二级目录的文字较一级目录小且无项目符号,接下来就为其设置样式。代码如下:

```
#homeNav ul {
    padding-left:0px;
    padding-top:0px;
    margin:5px 0px 0px;
    left:150px;
```

```
        list-style-type:none;
        position:absolute;
    }
    #homeNav    ul    li {
        font-size:12px;
        white-space:nowrap;
    }
```

执行效果如图 3.1.25 所示。

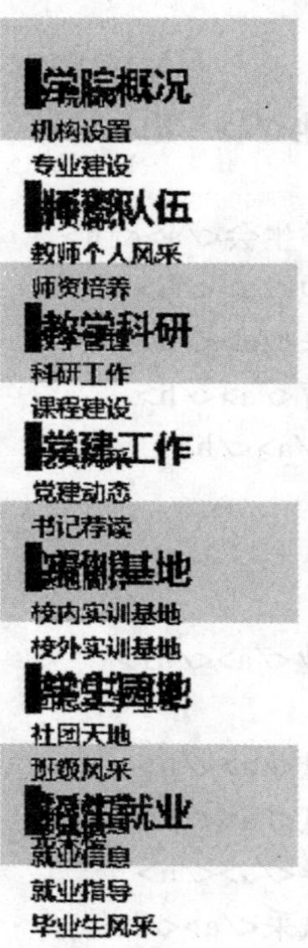

图 3.1.25　设置二级目录样式

此时将鼠标置于目录上,除了链接样式,没有其他任何效果。

(3)特效设置

下面制作滑动菜单,具体说就是当鼠标移到一级目录上时展开二级目录,移开时收起二级目录。

这里,我们使用 jQuery 来完成这样的效果。

首先为其添加 jQuery 库,代码如下:

```
<script    type="text/javascript"
src="http://code.jquery.com/jquery-1.8.3.js"></script>
```

这里我们采用另外一种方法进行 jQuery 库的添加。代码如下:

```
<script>
  //网页加载时,执行代码
 $(document).ready(function () {
    //调用后面定义的
    homeNav();
    catalogue();
    setTimeout(function() {
    var bodyHeight= $("body").height();
    var headHeight= $("#head").height();
     $("#homeNav").css("height", bodyHeight - headHeight);
    }, 200);
});
//定个各个子分类加入时的效果
function catalogue() {
     $("#homeNav .catalogue").hover(function () {
         //选择器查找元素
          $(this).find("h1>a").addClass("onto")
         //显示动态效果
          $(this).stop(true, false).animate({
              //定义高度
         height: $(this).find("ul").height() + 30
         }, 200);

         $(this).find("h1").stop(true, false).animate({
              top: 0,
              height: $(this).find("ul").height() + 35
         }, 200);
         $(this).find("ul").stop(true, false).animate({
              top:20,
              left: 30
         }, 200);
    }, function () {
      //删除样式
         $(this).find("h1>a").removeClass("onto");
         $(this).stop(true, false).animate({
             height: 60
         }, 200);
         $(this).find("h1").stop(true, false).animate({
```

```
                top: 20,
                height: 20
            }, 200);
            $(this).find("ul").stop(true, false).animate({
                top:0,
                left: 150
            }, 200);
        });
}
//定义大类加入时显示的效果
function homeNav() {
    t = $("#navhear").offset().top;
    mh = $("#head").height();
    $(window).scroll(function() {
        s = $(document).scrollTop();
        if (s > t - 10) {
            $("#navhear").stop(false, false).animate({
                //定义位置与顶端边距
                marginTop: s - mh
            }, 500);
        } else {
            $("#navhear").stop(false, false).animate({
                marginTop: 0
            }, 500);
        }
    })
}
</script>
```

执行效果如图 3.1.26 所示。

从图 3.1.26 得知，二级目录显示存在两个问题：首先是二级目录没有隐藏，其次是激活一级目录时二级目录显示的位置不对。

因此还要进行加工，对其#homeNav div 添加样式，代码如下：

```
#homeNav div{
    height: 60px;
    overflow:hidden;
    position:relative;
}
```

执行效果如图 3.1.27 所示。

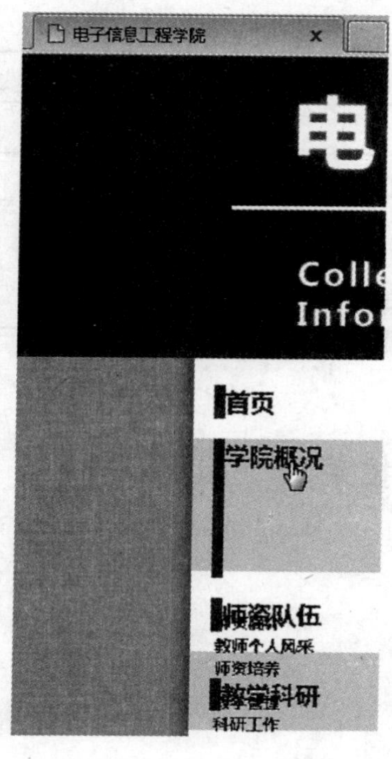

图 3.1.26　jQuery 特效

首页
学院概况
学院简介
机构设置
专业建设
联系我们
师资队伍
教学科研
党建工作

图 3.1.27　激活二级目录效果

【任务小结】

该任务是用 jQuery 来制作网站滑动菜单效果。

jQuery 可以制作各种精美的网页特效，需要掌握 jQuery 特性，jQuery 语法、选择器和事件相关知识；能够熟练使用 jQuery 应用 JavaScript 效果，用于制作网页文本、图片、菜单等网页特效。

【效果评价】

评价表

项目名称	jQuery 网页特效	学生姓名	
任务名称	任务 3.1　制作网站滑动菜单	分　数	
评分标准		分　值	考核得分

续表

评分标准	分 值
总体得分	
教师简要评语： 教师签名：	

任务 3.2 制作普通下拉菜单

【任务描述】

使用 jQuery 制作普通下拉菜单，如图 3.2.1 所示。

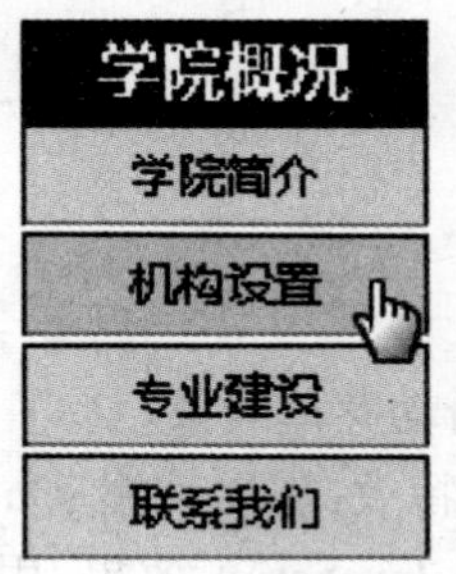

图 3.2.1 普通下拉菜单

【知识准备】（本例应用到的 jQuery 函数）

3.2.1 mouseenter( )方法

(1)定义和用法

当鼠标指针穿过元素时，会发生 mouseenter 事件。该事件多数时候会与 mouseleave 事件（当鼠标指针离开元素时，会发生 mouseleave 事件）一起使用。

mouseenter( )方法触发 mouseenter 事件，或规定当发生 mouseenter 事件时运行的函数。

mouseleave( )方法触发 mouseleave 事件，或规定当发生 mouseleave 事件时运行的函数。

语法格式如下：

```
$ (selector).mouseenter( )
$ (selector).mouseleave( )
```

(2)实例

添加页面内容，代码如下：

```
<p style="background-color:#E9E9E4">请把鼠标指针移动到段落上。</p>
```

把 jQuery 库引进来，代码如下：

```
<script   type="text/javascript"
src="http://code.jquery.com/jquery-1.8.3.js"></script>
```

添加 JavaScript，代码如下：

```
<script type="text/javascript">
$(document).ready(function(){
  $("p").mouseenter(function(){
    $("p").css("background-color","yellow");
  });
  $("p").mouseleave(function(){
    $("p").css("background-color","#E9E9E4");
  });
});
</script>
```

执行效果如图 3.2.2 所示。

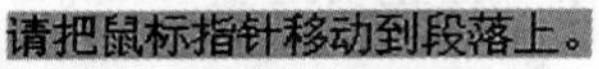

请把鼠标指针移动到段落上。

图 3.2.2　mouseleave()

将鼠标移动到段落上，执行 mouseenter()方法，效果如图 3.2.3 所示。

请把鼠标指针移动到段落上。

图 3.2.3　mouseenter()

3.2.2　stop()方法

(1)定义和用法

stop()方法停止当前正在运行的动画。语法格式如下：

```
$(selector).stop(stopAll,goToEnd)
```

表 3.2.1

参　数	描　述
stopAll	可选。规定是否停止被选元素所有加入队列的动画
goToEnd	可选。规定是否允许完成当前的动画 该参数只能在设置了 stopAll 参数时使用

(2)实例

```
<html>
<head>
<script   type="text/javascript"
src="http://code.jquery.com/jquery-1.8.3.js"></script>
<script type="text/javascript">
```

```
    $(document).ready(function(){
    $("#start").click(function(){
    $("#box").animate({height:300},2000);
    $("#box").animate({height:100},2000);
    });
    $("#stop").click(function(){
    $("#box").stop();
    });
  });
  </script>
</head>
<body>
    <p>
    <button id="start">开始动画
    </button><button id="stop">停止动画</button>
    </p>
<div id="box"
style="background:#98bf21;height:100px;width:100px;position:relative">
</div>
</body>
</html>
```

运行以上代码,观察其结果。

3.2.3 hide()方法

hide()方法的功能是:如果被选的元素已被显示,则隐藏该元素。

此方法在前面的章节中已经详细讲解过,这里就不再重复。

3.2.4 parent()方法

parent()获得当前匹配元素集合中每个元素的父元素,使用选择器进行筛选是可选的。语法格式如下:

.parent(selector)

表 3.2.2

参　数	描　述
selector	字符串值,包含用于匹配元素的选择器表达式

如果给定一个表示 DOM 元素集合的 jQuery 对象,.parent()方法允许我们在 DOM 树中搜索这些元素的父元素,并用匹配元素构造一个新的 jQuery 对象。

.parents()和 .parent()方法类似,不同的是后者沿 DOM 树向上遍历单一层级。

该方法接受可选的选择器表达式,与向 $() 函数中传递的参数类型相同。如果应用这个选择器,则将通过检测元素是否匹配该选择器对元素进行筛选。

3.2.5　next()方法

next()获得匹配元素集合中每个元素紧邻的同胞元素,如果提供选择器,则取回匹配该选择器的下一个同胞元素。语法格式如下:

.next(selector)

表 3.2.3

参　数	描　述
selector	字符串值,包含用于匹配元素的选择器表达式

如果给定一个表示 DOM 元素集合的 jQuery 对象,.next()方法允许搜索 DOM 树中的元素紧跟的同胞元素,并用匹配元素构造新的 jQuery 对象。

该方法接受可选的选择器表达式,类型与传递到 $()函数中的相同。如果紧跟的同胞元素匹配该选择器,则会留在新构造的 jQuery 对象中;否则会将之排除。

3.2.6　offset()方法

(1)定义和用法

offset()方法返回或设置匹配元素相对于文档的偏移(位置)。语法格式如下:

$(selector).offset()

该方法返回的对象包含两个整型属性:top 和 left,以像素计。此方法只对可见元素有效。

(2)实例

```
<html>
<head>
<script  type="text/javascript"
src="http://code.jquery.com/jquery-1.8.3.js"></script>
<script type="text/javascript">
$(document).ready(function(){
  $("button").click(function(){
    x=$("p").offset();
    $("#span1").text(x.left);
    $("#span2").text(x.top);
  });
});
</script>
</head>
```

```
<body>
<p>本段落的偏移是 <span id="span1">unknown</span> left 和 <span
id="span2">unknown</span> top。</p>
<button>获得 offset</button>
</body>
</html>
```

执行效果如图 3.2.4 所示。

本段落的偏移是 unknown left 和 unknown top。

获得 offset

图 3.2.4 添加 offset( )方法

点击“获得 offset”按钮，执行效果如图 3.2.5 所示。

本段落的偏移是 8 left 和 8 top。

获得 offset

图 3.2.5 执行 offset( )方法

【任务实施】

使用 jQuery 制作普通下拉菜单。关键步骤如下：

(1)添加菜单

在页面中加入无列表作为菜单主体，代码如下：

```
<div id="menudiv">
  <ul>
    <li><a href="#" class="mainmenu">学院概况</a></li>
    <li class="submenu">
      <a href="#">学院简介</a>
      <a href="#">机构设置</a>
      <a href="#">专业建设</a>
      <a href="#">联系我们</a>
    </li>
  </ul>
</div>
```

(2)引入 jQuery 库

```
<script language="javascript" src="jquery-1.6.js"></script>
```

“jquery-1.6.js”外部文件存放于站点根目录。

(3)添加 JavaScript 代码

将以下这段代码添加到<head> </head>部分。

```
<script language="javascript">
```

```
$(function(){
//实现主菜单的鼠标进入事件
$('.mainmenu').mouseenter(function(){
 //停止播放所有特效动画并隐藏下级菜单
 $('.submenu').stop(false, true).hide();
 //获得下级菜单对象
 var submenu = $(this).parent().next();
 //设定子菜单样式,重新定位
 submenu.css({
 position:'absolute',
 top: $(this).offset().top + $(this).height() + 'px',
 left: $(this).offset().left + 'px',
 zIndex:1000
 });
 //停掉下级菜单其他动画并使其下拉
 submenu.stop().slideDown(300);
 //添加下级菜单的鼠标移出事件,让下级菜单向上收起
 submenu.mouseleave(function(){
  $(this).slideUp(300);
 });
 });
 });
</script>
```

执行效果如图 3.2.6 所示。

- 学院概况
- 学院简介 机构设置 专业建设 联系我们

图 3.2.6　展开式菜单

此时的效果是,鼠标移到一级菜单时显示二级菜单,鼠标移开时只显示一级菜单。很显然,这并不是我们需要的下拉菜单,顶多算是展开式菜单。那么,为了实现任务所示下拉菜单,还需要对其进行相关样式的设置。

(4)样式设置

将以下这段代码添加到<head> </head>部分。

```
<style type="text/css">
 ul
 {
 list-style:none;
 padding:0px;
```

```
    margin:0px;
    font-size:16px;
    font-family:"微软雅黑";
    }
ul li
    {
    display:inline;
    float:left;
    }
ul li a
    {
    color:#ffffff;
    background:#990E00;
    margin-right:5px;
    font-weight:bold;
    display:block;
    width:100px;
    height:25px;
    line-height:25px;
    text-align:center;
    border: 1px solid #560E00;
    text-decoration: none;
    }
ul li a:hover
    {
    color:#cccccc;
    background:#560E00;
    font-weight:bold;
    display:block;
    width:100px;
    text-align:center;
    border: 1px solid #000000;
    }
    ul li.submenu a
    {
    color:#000000;
    font-size:12px;
```

```
background:#f6f6f6;
border-bottom:1px solid #cccccc;
font-weight:normal;
text-decoration:none;
display:block;
width:100px;
text-align:center;
margin-top:2px;
}
ul li.submenu a:hover
{
color:#000000;
background:#FFEFC6;
font-weight:normal;
text-decoration:none;
display:block;
width:100px;
text-align:center;
}
ul li.submenu
{
display:none;
}
</style>
```

执行效果如图 3.2.7 所示。

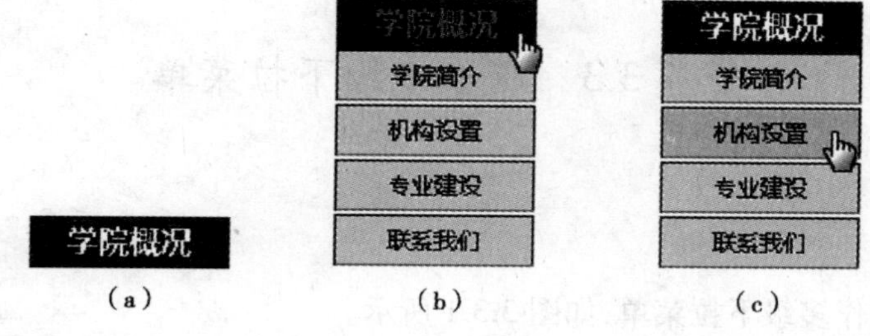

图 3.2.7　下拉菜单执行过程

【任务小结】

该任务是用 jQuery 来制作网页普通下拉菜单。主要涉及的 jQuery 函数有：

mouseenter()方法，当鼠标指针穿过元素时，会发生 mouseenter 事件。该事件大多数时候会与 mouseleave 事件（当鼠标指针离开元素时，会发生 mouseleave 事件）一起使用。

stop()方法，停止当前正在运行的动画。

hide()方法，如果被选的元素已被显示，则隐藏该元素。

parent()方法，获得当前匹配元素集合中每个元素的父元素，使用选择器进行筛选是可选的。

next()方法，获得匹配元素集合中每个元素紧邻的同胞元素。

offset()方法，返回或设置匹配元素相对于文档的偏移(位置)。

【效果评价】

评价表

项目名称	jQuery 网页特效	学生姓名	
任务名称	任务 3.2　制作普通下拉菜单	分　数	
评分标准		分　值	考核得分
总体得分			
教师简要评语： 教师签名：			

任务 3.3　制作多级下拉菜单

【任务描述】

使用 jQuery 制作多级下拉菜单，如图 3.3.1 所示。

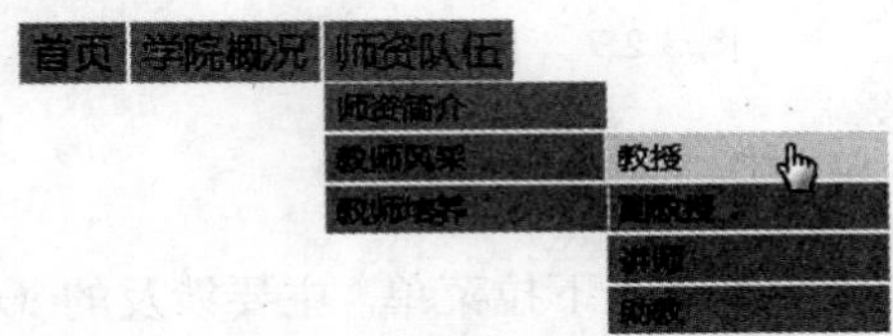

图 3.3.1　多级下拉菜单

【知识准备】(本例应用到的 jQuery 函数)

3.3.1　css( )方法

css( ) 方法返回或设置匹配的元素的一个或多个样式属性。

(1)返回 CSS 属性值

返回第一个匹配元素的 CSS 属性值。

注意:当用于返回一个值时,不支持简写的 CSS 属性(比如"background"和"border")。

$ (selector).css(name)

表 3.3.1

参　数	描　述
name	必需。规定 CSS 属性的名称。该参数可包含任何 CSS 属性,比如"color"

例:

```
<html>
<head>
<script  type="text/javascript"
src="http://code.jquery.com/jquery-1.8.3.js"></script>
<script type="text/javascript">
$ (document).ready(function(){
  $ ("button").click(function(){
    alert( $ ("p").css("color"));
  });
});
</script>
</head>
<body>
<p style="color:red">This is a paragraph.</p>
<button type="button">返回段落的颜色</button>
</body>
</html>
```

执行效果如图 3.3.2 所示。

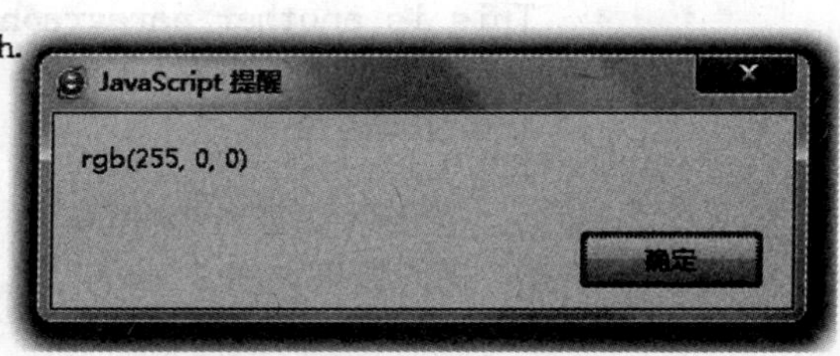

图 3.3.2　返回 CSS 属性值

点击"返回段落的颜色"按钮,弹出如图 3.3.2 所示的提示框。

(2)设置 CSS 属性值

设置所有匹配元素的指定 CSS 属性。

$(selector).css(name,value)

表 3.3.2

参数	描述
name	必需。规定 CSS 属性的名称。该参数可包含任何 CSS 属性,比如"color"
value	可选。规定 CSS 属性的值。该参数可包含任何 CSS 属性值,比如"red" 如果设置了空字符串值,则从元素中删除指定属性

例:

```
<html>
<head>
<script   type="text/javascript"
src="http://code.jquery.com/jquery-1.8.3.js"></script>
<script type="text/javascript">
    $(document).ready(function(){
    $("button").click(function(){
    $("p").css("color","red");
  });
});
</script>
</head>
<body>
<p>This is a paragraph.</p>
<p>This is another paragraph.</p>
<button type="button">改变段落的颜色</button>
</body>
</html>
```

执行效果如图 3.3.3 所示。

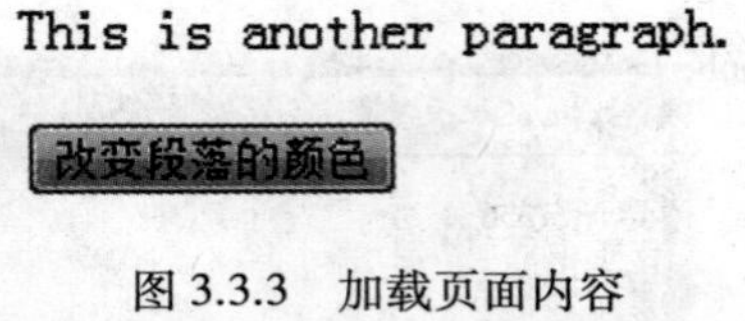

This is a paragraph.

This is another paragraph.

改变段落的颜色

图 3.3.3　加载页面内容

点击"改变段落的颜色"按钮,执行效果如图 3.3.4 所示。

```
This is a paragraph.

This is another paragraph.

改变段落的颜色
```

图 3.3.4　设置 CSS 属性值

3.3.2　find( )方法

find( )方法获得当前元素集合中每个元素的后代,通过选择器、jQuery 对象或元素来筛选。语法格式如下:

.find(selector)

表 3.3.3

参　数	描　述
selector	字符串值,包含供匹配当前元素集合的选择器表达式

如果给定一个表示 DOM 元素集合的 jQuery 对象,.find( ) 方法允许在 DOM 树中搜索这些元素的后代,并用匹配元素来构造一个新的 jQuery 对象。.find( ) 与 .children( ) 方法类似,不同的是后者仅沿着 DOM 树向下遍历单一层级。

.find( )方法的一个明显特征是:其接受的选择器表达式与向 $( ) 函数传递的表达式的类型相同,将通过测试这些元素是否匹配该表达式来对元素进行过滤。

【任务实施】

使用 jQuery 制作多级下拉菜单。关键步骤如下:

(1)添加菜单

在页面中加入无序列表作为菜单主体,代码如下:

```
<ul id="nav">
    <li><a href="#">首页</a></li>
    <li><a href="#">学院概况</a>
            <ul>
        <li><a href="#">学院简介</a></li>
            <li><a href="#">机构设置</a></li>
            <li><a href="#">专业建设</a></li>
            <li><a href="#">联系我们</a></li>
    </ul>
        </li>
    <li><a href="#">师资队伍</a>
        <ul>
            <li><a href="#">师资简介</a></li>
            <li><a href="#">教师风采</a>
```

```
                <ul>
          <li><a href="#">教授</a></li>
          <li><a href="#">副教授</a></li>
                    <li><a href="#">讲师</a></li>
          <li><a href="#">助教</a></li>
        </ul>
                </li>
      <li><a href="#">教师培养</a></li>
    </ul>
  </li>
</ul>
```

执行效果如图 3.3.5 所示。

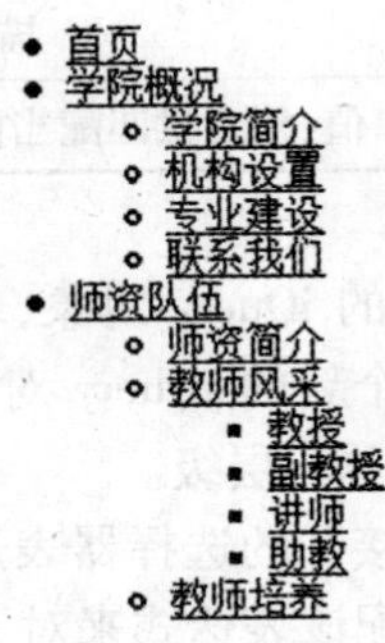

图 3.3.5　添加菜单

(2)引入 jQuery 库

```
<script language="javascript"  src="jquery-1.6.js"></script>
```

(3)设置菜单样式

链接外部样式表 style.css,置于<head></head>中:

```
<link rel="stylesheet"   href="style.css"  type="text/css"  media="screen" />
```

style.css 样式表代码如下:

```
body{
font-size:18px;
font-family:"微软雅黑";
}
#nav, #nav ul{
margin:0;
padding:0;
list-style-type:none;
list-style-position:outside;
position:relative;
line-height:1.5em;
}
```

```
#nav a{
display:block;
padding:0px 5px;
border:1px solid #FFFFFF;
color:#000000;
text-decoration:none;
background-color:#00CCFF;
}
#nav a:hover{
background-color:#eff4f7;;
color:#333333;
}
#nav li{
float:left;
position:relative;
}
#nav ul {
position:absolute;
display:none;
width:12em;
top:2em;
font-size:14px;
}
#nav li ul a{
width:8em;
height:auto;
float:left;
}
#nav ul ul{
top:auto;
}
#nav li ul ul {
left:8em;
margin:0px 0 0 10px;
}
```

(4)添加 JavaScript 代码

引入外部 menu.js 文件,置于<head></head>中:

```
<script  type="text/javascript"  src="menu.js"></script>
```

menu.js 菜单控制相关代码如下:

```
function mainmenu(){
    $(" #nav ul ").css({display:"none"});// 隐藏各级菜单
    $(" #nav li").hover(function(){ //为第一级菜单加入模仿鼠标悬停事件
     $(this).find('ul:first').css({visibility:"visible"}).show(400);
      //鼠标悬停则显示下级菜单
      },function(){
      $(this).find('ul:first').css({visibility:"hidden"});
      //鼠标离开则收起下级菜单
});
}
 $(document).ready(function(){
            mainmenu();
});
```

执行效果如图 3.3.6 所示。

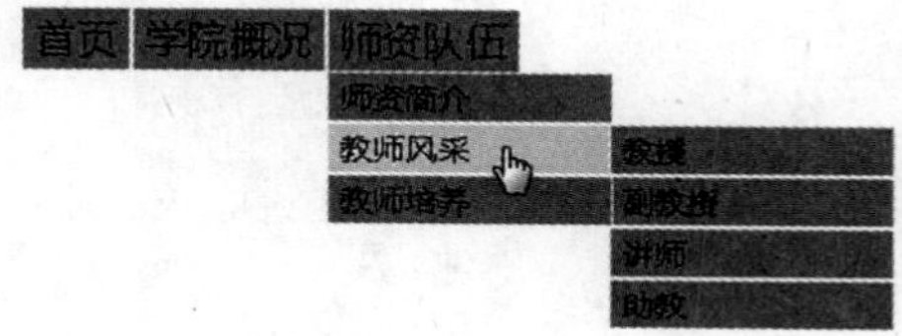

图 3.3.6　展开多级菜单

【任务小结】

该任务是在前面的基础上，用 jQuery 来制作网页多级下拉菜单。主要涉及的 jQuery 函数有：

css()方法，返回或设置匹配的元素的一个或多个样式属性。

find()方法，获得当前元素集合中每个元素的后代，通过选择器、jQuery 对象或元素来筛选。

【效果评价】

评价表

项目名称	jQuery 网页特效	学生姓名	
任务名称	任务 3.3　制作多级下拉菜单	分　数	
评分标准		分　值	考核得分

续表

评分标准	分　值	考核得分
总体得分		
教师简要评语： 教师签名：		

任务 3.4　制作横向焦点位移菜单

【任务描述】

使用 jQuery 制作横向焦点位移菜单效果。如图 3.4.1 所示。

首页　学院概况　师资队伍　教学科研　党建工作　实训基地

图 3.4.1　横向焦点位移菜单

【知识准备】（本例应用到的 jQuery 函数）

3.4.1　hoverIntent 插件

hoverIntent 插件用于代替 mouseover、mouseout 事件。

3.4.2　animate( )方法

animate( )方法执行 CSS 属性集的自定义动画。

该方法通过 CSS 样式将元素从一个状态改变为另一个状态。CSS 属性值是逐渐改变的，这样就可以创建动画效果。

注意：只有数字值可创建动画（比如"margin：30px"）。字符串值无法创建动画（比如"background-color：red"）。使用"+="或"-="来创建相对动画（relative animations）。

（1）语法一

$(selector).animate(styles,speed,easing,callback)

表 3.4.1

参 数	描 述
styles	必需。规定产生动画效果的 CSS 样式和值 可能的 CSS 样式值： • backgroundPosition • borderWidth • borderBottomWidth • borderLeftWidth • borderRightWidth • borderTopWidth • borderSpacing • margin • marginBottom • marginLeft • marginRight • marginTop • outlineWidth • padding • paddingBottom • paddingLeft • paddingRight • paddingTop • height • width • maxHeight • maxWidth • minHeight • minWidth • font • fontSize • bottom • left • right • top • letterSpacing • wordSpacing • lineHeight • textIndent 注意：CSS 样式使用 DOM 名称（如"fontSize"）来设置，而非 CSS 名称（如"font-size"）

续表

参　数	描　述
speed	可选。规定动画的速度。默认是"normal" 可能的值: ● 毫秒值(比如 1500) ● "slow" ● "normal" ● "fast"
easing	可选。规定在不同的动画点中设置动画速度的 easing 函数 内置的 easing 函数: ● swing ● linear ● 扩展插件中提供更多 easing 函数
callback	可选。animate 函数执行完之后要执行的函数

(2)语法二

$ (selector).animate(styles,options)

表 3.4.2

参　数	描　述
styles	必需。规定产生动画效果的 CSS 样式和值(同表 3.4.1)
options	可选。规定动画的额外选项 可能的值: ● speed,设置动画的速度 ● easing,规定要使用的 easing 函数 ● callback,规定动画完成之后要执行的函数 ● step,规定动画的每一步完成之后要执行的函数 ● queue,布尔值,指示是否在效果队列中放置动画。如果为 false,则动画将立即开始 ● specialEasing,来自 styles 参数的一个或多个 CSS 属性的映射,以及它们的对应 easing 函数

【任务实施】

使用 jQuery 制作横向焦点位移菜单效果。关键步骤如下:

(1)创建菜单

在页面中加入无序列表作为菜单主体,代码如下:

```
<div id="menu_bar">
        <ul>
```

```
            <li><a href="#" target="_blank">首页</a></li>
        <li><a href="#" target="_blank">学院概况</a></li>
        <li><a href="#" target="_blank">师资队伍</a></li>
        <li><a href="#" target="_blank">教学科研</a></li>
        <li><a href="#" target="_blank">党建工作</a></li>
        <li><a href="#" target="_blank">实训基地</a></li>
        <li><a href="#" target="_blank">学生园地</a></li>
        <li><a href="#" target="_blank">招生就业</a></li>
    </ul>
</div>
```

(2)设置菜单样式

根据图 3.4.1 所示菜单,设置样式,代码如下:

```
<style>
body,div,ul,li {
  margin:0 auto;
  padding:0;
}
#menu_bar{
  widtH:600px;
  margin:20px auto;
  background:#66CCFF;
    position:relative;
    height:30px;
    border:1px solid #CCCCCC;
  }
#menu_bar ul{
  list-style:none;
  margin:0;
  height:30px;
  overflow:hidden;
  position:absolute;
  z-index:2;
  left:0px;
  top:0px;
  line-height:30px;
}
#menu_bar li{
  margin:0;
  width:100px;
```

```
    float:left;
    text-align:center;
    font-size:14px;
    font-weight:bold;
  }
  #menu_bar li a{
    color:#FFFFFF;
    text-decoration: none;
    }
      #menu_bar li a:hover{
      color:#FF0000;
      text-decoration: none;
    }
</style>
```

执行效果如图 3.4.2 所示。

首页	学院概况	师资队伍	教学科研	党建工作	实训基地

图 3.4.2　菜单样式设置

(3) 引入 jQuery 库和插件

这个任务用到了 hoverIntent 插件,它用于代替 mouseover、mouseout 事件。因此,除了要引入 jQuery 库,还需要用 javascript 代码引入 hoverIntent 插件。代码如下:

```
<script   type="text/javascript"
src="http://code.jquery.com/jquery-1.8.3.js"></script>
<script type="text/javascript"  src="jquery.hoverIntent.js"></script>
```

jquery.hoverIntent.js 文件存储在站点根目录下。

(4) 添加 JavaScript 代码

先在菜单层中添加焦点对象<span></span>,然后再设置其样式:

```
#menu_bar span{
  display:block;
  position:absolute;
  background:#FFFFFF;
  filter: alpha(Opacity=40);
  opacity: 0.4;
  -moz-opacity: 0.4;
  -khtml-opacity: 0.4;
  width:100px;
  z-index:1;
  height:30px;
  left:0px;
```

```
  top:0px;
}
```

使用 JavaScript 代码，实现焦点的位移。代码如下：

```
<script language="javascript">
  $(function(){
    hiConfig = {
      sensitivity: 1,
      interval: 100,
      timeout: 100,
      over: function() {
      var x= $(this).offset().left- $("#menu_bar ul").offset().left;
       $("#menu_bar span").animate({left:x+"px",top:'0px'},300);
      },
       out: function() {}
    }
    /* hoverIntent 插件用于代替 mouseover、mouseout 事件 */
    $("#menu_bar li").hoverIntent(hiConfig)
  })
</script>
```

执行效果如图 3.4.1 所示。

【任务小结】

该任务中除了涉及常用的 jQuery 函数 animate()方法（执行 CSS 属性集的自定义动画，该方法通过 CSS 样式将元素从一个状态改变为另一个状态，CSS 属性值是逐渐改变的，这样就可以创建动画效果）外，最关键的是引入了 hoverIntent 插件（hoverIntent 插件用于代替 mouseover、mouseout 事件）。使用中，我们采用 JavaScript 代码引入 hoverIntent 插件。<script type="text/javascript" src="jquery.hoverIntent.js"></script>

【效果评价】

评价表

项目名称	jQuery 网页特效	学生姓名	
任务名称	任务 3.4　制作横向焦点位移菜单	分　数	
评分标准		分　值	考核得分

续表

评分标准	分　值	考核得分
总体得分		
教师简要评语： 教师签名：		

任务 3.5　鼠标单击图片翻页

【任务描述】

使用 jQuery 制作用鼠标单击图片则图片翻页的效果，如图 3.5.1 所示。

图 3.5.1　鼠标单击图片翻页

【知识准备】（本例应用到的 jQuery 函数）

3.5.1　animate( )方法

animate( )方法通过 CSS 样式将元素从一个状态改变为另一个状态。CSS 属性值是逐渐改变的，这样就可以创建动画效果。

前面的章节有对其详细的讲解，这里不再复述。

3.5.2　css ( ) 方法

css( )方法返回或设置匹配的元素的一个或多个样式属性。

前面的章节有对其详细的讲解，这里不再复述。

【任务实施】

使用 jQuery 制作用鼠标单击图片则图片翻页的效果。关键步骤如下：

(1)添加图片

```
<div class="div"><img src="imgs/01.jpg"></div>
<div class="div"><img src="imgs/02.jpg"></div>
<div class="div"><img src="imgs/03.jpg"></div>
<div class="div"><img src="imgs/04.jpg"></div>
```

(2)引入 jQuery 库

```
<script    type="text/javascript"
src="http://code.jquery.com/jquery-1.8.3.js"></script>
```

(3)设置样式

```
<style type="text/css">
  .div{
  width:333px;
  height:207px;
  z-index:0;
  position:absolute;
  border:2px dashed #999999;
  margin-left:10px;}
</style>
```

(4)添加 JavaScript 代码

用 JavaScript 编码实现图片翻页效果,代码如下：

```
<script type="text/javascript">
  $(function(){
    var z=-1;
    $("div").click(function(){   /*层点击*/
    /*执行 CSS 属性集的自定义动画*/
    $(this).animate({
      left:"400px"                    /*翻页时距离左侧的位移量*/
    },
    1000,                      /*翻页的速度,值越小,速度越快*/
    function(){
       $(this).css("zIndex",z--)
    }).animate({
      left:"10px"
      },
      1000);
  })
```

```
    });
</script>
```

执行效果如图 3.5.2 所示。

图 3.5.2　图片翻页过程的滑动效果

【任务小结】

该任务使用 jQuery 制作鼠标单击图片效果，主要使用了 jQuery 函数 animate( )方法和 CSS( )方法。

【效果评价】

评价表

项目名称	jQuery 网页特效	学生姓名	
任务名称	任务 3.5　鼠标单击图片翻页	分　数	
评分标准		分　值	考核得分
总体得分			
教师简要评语： 教师签名：			

任务 3.6 制作文字颜色选择器

【任务描述】

使用 jQuery 制作网页文字颜色选择器，用色卡控制文字显示的颜色，如图 3.6.1 所示。

请输入文字

欢迎学习Web编程基础

请选择颜色

欢迎学习Web编程基础

图 3.6.1 文字颜色选择器

【知识准备】（本例应用到的 jQuery 函数）

3.6.1 keyup( )方法

完整的 key press 过程分为两个部分，即按键被按下，然后按键被松开并复位。当按钮被松开时，发生 keyup 事件。它发生在当前获得焦点的元素上。

keyup( )方法触发 keyup 事件，或规定当发生 keyup 事件时运行的函数。如果在文档元素上进行设置，则无论元素是否获得焦点，该事件都会发生。

（1）触发 keyup 事件

语法格式如下：

```
$(selector).keyup( )
```

例：

```
<html>
<head>
<meta http-equiv="Content-Type" content="text/html; charset=gb2312">
<title>无标题文档</title>
<script type="text/javascript"
src="http://code.jquery.com/jquery-1.8.3.js"></script>
<script type="text/javascript">
$(document).ready(function( ){
    $("input").keydown(function( ){
        $("input").css("background-color","#FFFFCC");
    });
```

```
    $("input").keyup(function(){
        $("input").css("background-color","#D6D6FF");
    });
    $("#btn1").click(function(){
        $("input").keydown();
    });
    $("#btn2").click(function(){
        $("input").keyup();
    });
});
</script>
</head>
<body>
Enter your name: <input type="text" />
<p>当发生 keydown 和 keyup 事件时,输入域会改变颜色。请试着在其中输入内容。</p>
<p><button id="btn1">触发输入域的 keydown 事件</button></p>
<p><button id="btn2">触发输入域的 keyup 事件</button></p>
</body>
</html>
```

执行效果如图 3.6.2 和图 3.6.3 所示。

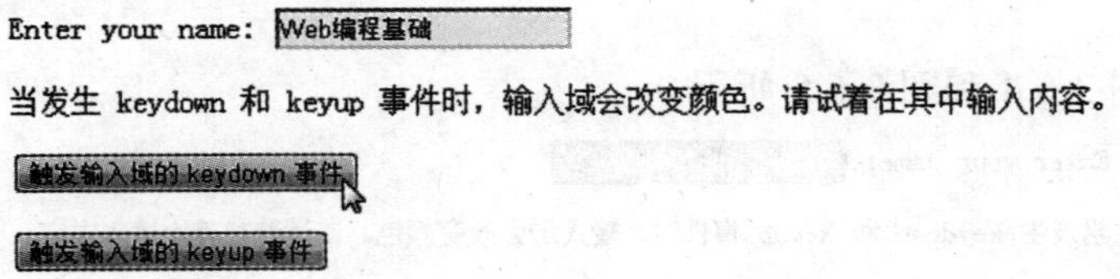

图 3.6.2　keydown()方法

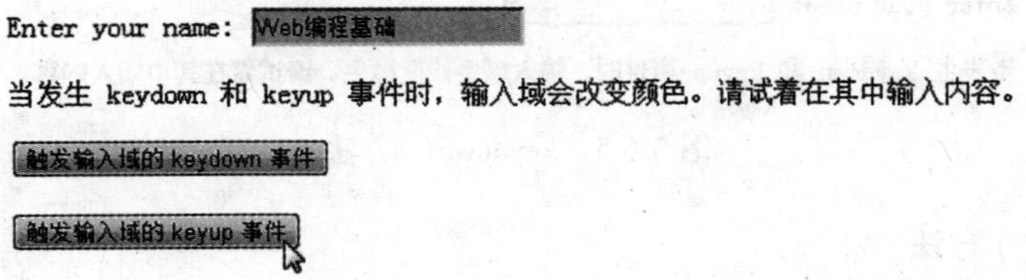

图 3.6.3　keyup()方法

实际上,在文本框中进行文字输入才是真正触发 keydown 和 keyup 事件。同学们运行程序,观察效果。

(2)将函数绑定到 keyup 事件

语法格式如下:

```
$(selector).keyup(function)
```

例:

```
<html>
```

```
<head>
<meta http-equiv="Content-Type" content="text/html; charset=gb2312">
<title>无标题文档</title>
<script  type="text/javascript"
src="http://code.jquery.com/jquery-1.8.3.js"></script>
<script type="text/javascript">
 $(document).ready(function(){
   $("input").keydown(function(){
     $("input").css("background-color","#FFFFCC");
   });
   $("input").keyup(function(){
     $("input").css("background-color","#D6D6FF");
   });
});
</script>
</head>
<body>
Enter your name: <input type="text" />
<p>当发生 keydown 和 keyup 事件时,输入域会改变颜色。请试着在其中输入内容。</p>
</body>
</html>
```

执行效果如图 3.6.4 和图 3.6.5 所示。

Enter your name:

当发生 keydown 和 keyup 事件时，输入域会改变颜色。请试着在其中输入内容。

图 3.6.4　keyup()方法

Enter your name: Web

当发生 keydown 和 keyup 事件时，输入域会改变颜色。请试着在其中输入内容。

图 3.6.5　keydown()方法

3.6.2　empty()方法

empty()方法从被选元素移除所有内容,包括所有文本和子节点。语法格式如下:

```
$(selector).empty()
```

3.6.3　attr()方法

attr()方法设置或返回被选元素的属性值。根据该方法不同的参数,其工作方式也有所差异。

(1)返回属性值

返回被选元素的属性值,语法格式如下:

```
$ (selector).attr(attribute)
```

表 3.6.1

参　数	描　述
attribute	规定要获取其值的属性

例:

```
<html>
<head>
<meta http-equiv="Content-Type" content="text/html; charset=gb2312">
<title>无标题文档</title>
<script type="text/javascript"
src="http://code.jquery.com/jquery-1.8.3.js"></script>
<script type="text/javascript">
$(document).ready(function(){
  $("button").click(function(){
    alert("Image width " + $("img").attr("width"));
  });
});
</script>
</head>
<body>
<img src="/imgs/01.jpg" width="333" height="207" />
<br />
<button>返回图像的宽度</button>
</body>
</html>
```

执行效果如图 3.6.6 所示。

图 3.6.6　attr()返回属性值

(2)设置属性/值

设置被选元素的属性和值,语法格式如下:

```
$(selector).attr(attribute,value)
```

表 3.6.2

参　数	描　述
attribute	规定属性的名称
value	规定属性的值

例:

```
<html>
<head>
<meta http-equiv="Content-Type" content="text/html; charset=gb2312">
<title>无标题文档</title>
<script  type="text/javascript"
src="http://code.jquery.com/jquery-1.8.3.js"></script>
<script type="text/javascript">
    $(document).ready(function(){
    $("button").click(function(){
        $("img").attr("width","165");
        $("img").attr("height","100");
  });
});
</script>
</head>
<body>
<img src="/imgs/01.jpg" width="333" height="207" />
<br/>
<button>设置图像的 width 属性</button>
</body>
</html>
```

执行效果如图 3.6.7 所示。

点击"设置图片的宽和高"按钮,将其宽度设置为 165 px,高度设置为 100 px,执行效果如图 3.6.8 所示。

3.6.4　addClass()方法

addClass()方法向被选元素添加一个或多个类。该方法不会移除已存在的 class 属性,仅仅添加一个或多个 class 属性。

如需添加多个类,请使用空格分隔类名。

语法格式如下:

图 3.6.7 attr( )设置属性和值

图 3.6.8 attr( )设置图片宽和高

$ (selector).addClass(class)

表 3.6.3

参 数	描 述
class	必需。规定一个或多个 class 名称

同样,也可以使用函数向被选元素添加类。语法格式如下:

$ (selector).addClass(function(index,oldclass))

表 3.6.4

参 数	描 述
function(index,oldclass)	必需。规定返回一个或多个待添加类名的函数 ● index:可选,选择器的 index 位置 ● class:可选,选择器的旧的类名

3.6.5 removeClass( )方法

removeClass( )方法从被选元素移除一个或多个类。如果没有规定参数,则该方法将从被选元素中删除所有类。语法格式如下:

$ (selector).removeClass(class)

表 3.6.5

参　数	描　述
class	可选。规定要移除的 class 的名称 如需移除若干类,请使用空格来分隔类名 如果不设置该参数,则会移除所有类

同样,也可以使用函数删除被选元素中的类。语法格式如下:

```
$(selector).removeClass(function(index,oldclass))
```

表 3.6.6

参　数	描　述
function(index,oldclass)	必需。通过运行函数来移除指定的类 ● index:可选,接受选择器的 index 位置 ● html:可选,接受选择器的旧的类值

【任务实施】

使用 jQuery 制作网页文字颜色选择器,用色卡控制文字显示的颜色。关键步骤如下:

(1)设计页面

根据图 3.6.1 所示界面,设计页面内容。代码如下:

```
<body>
<h1>请输入文字</h1>
<input type="text" id="inputText" value="" />
<h1>请选择颜色</h1>
<p>
<span id="colorselections">
        <a href="#" style="background-color:#000000;" class="on">
        <img src="space.gif" class="colorbox" alt="Black" />
        </a>
        <a href="#" style="background-color:#003399;" class="">
        <img src="space.gif" class="colorbox" alt="Light Blue" />
        </a>
        <a href="#" style="background-color:#5E5E5E;" class="">
        <img src="space.gif" class="colorbox" alt="Medium Gray" />
        </a>
        <a href="#" style="background-color:#00524E;" class="">
        <img src="space.gif" class="colorbox" alt="Dark Teal" />
        </a>
        <a href="#" style="background-color:#258B86;" class="">
```

```
            <img src="space.gif" class="colorbox" alt="Light Teal"/>
            </a>
            <a href="#" style="background-color:#DA7E33;" class="">
            <img src="space.gif" class="colorbox" alt="Orange" /></a>
            <a href="#" style="background-color:#198541;" class="">
            <img src="space.gif" class="colorbox" alt="Green" />
            </a>
</span>
</p>
<br clear="both" />
<p id="previewer"></p>
</body>
```

执行效果如图 3.6.9 所示。

请输入文字

请选择颜色

图 3.6.9　添加页面内容

(2)设置样式

根据图 3.6.1 所示界面,设置页面对象样式。代码如下:

```
<style type="text/css">
h1 {
        font:bold 15px/19px Georgia, serif;
        }
p {margin:0;}
#colorselections a {
        border:2px solid #fff;
        margin-right:4px;
        display:block;
        float:left;
        }
a img {
        border:1px solid #fff;
        width:22px;
        height:22px;
```

```
            vertical-align:bottom;
            }
#colorselections{zoom:1}
#colorselections a.on {
            border:2px solid #d5680d;
            }
#previewer {
            margin:26px 0 20px 0;
            padding:6px;
            clear:left;
            font:bold 19px/25px Verdana;
            border:1px solid #ccc;
            width:80%;
            }
</style>
```

执行效果如图 3.6.10 所示。

请输入文字

请选择颜色

图 3.6.10 设置样式

(3)引入 jQuery 库

```
<script   type="text/javascript"
src="http://code.jquery.com/jquery-1.8.3.js"></script>
```

(4)添加 JavaScript 代码

用 JavaScript 编码实现对文字的颜色控制。代码如下：

```
<script type="text/javascript">
 $(function(){
        /*按键松开*/
         $("#inputText").keyup(function(){
         $("#previewer").empty();
         $("#previewer").text($(this).attr("value"));
         });
 });
 $(function(){
         $("#colorselections a").click(function(){
        /*向被选元素添加一个或多个类*/
        /*从被选元素移除一个或多个类*/
```

```
        $(this).addClass("on").siblings().removeClass("on");
        $("#previewer").css("color",$(this).css("background-color"))
    });
});
</script>
```

在页面文本框中输入文字，并用鼠标选中某一色块，执行结果如图 3.6.11 所示。

请输入文字

1234567

请选择颜色

1234567

图 3.6.11　控制文字颜色

【任务小结】

我们可以对图片进行效果处理，同样也可以对文本进行处理。该任务就是使用 jQuery 制作网页文字颜色选择器，用色卡控制文字显示的颜色。主要涉及的 jQuery 函数有：

keyup()方法，触发 keyup 事件或规定当发生 keyup 事件时运行的函数。如果在文档元素上进行设置，则无论元素是否获得焦点，该事件都会发生。

empty()方法，从被选元素移除所有内容，包括所有文本和子节点。

attr()方法，设置或返回被选元素的属性值。

addClass()方法，向被选元素添加一个或多个类。该方法不会移除已存在的 class 属性，仅仅添加一个或多个 class 属性。

removeClass()方法，从被选元素移除一个或多个类。如果没有规定参数，则该方法将从被选元素中删除所有类。

【效果评价】

评价表

项目名称	jQuery 网页特效	学生姓名	
任务名称	任务 3.6　文字颜色选择器	分　数	
评分标准		分　值	考核得分
总体得分			

续表

教师简要评语： 教师签名：

任务 3.7 制作旋转文字

【任务描述】

使用 jQuery 制作网页上旋转的文字效果，同时鼠标控制其顺时针或逆时针旋转，如图 3.7.1所示。

图 3.7.1 旋转文字

【知识准备】（本例应用到的 jQuery 函数）

当鼠标指针位于元素上方时，会发生 mouseover 事件。该事件大多数时候会与 mouseout 事件一起使用。

mouseover( )方法触发 mouseover 事件，或规定当发生 mouseover 事件时运行的函数。

与 mouseenter 事件不同，不论鼠标指针穿过被选元素或其子元素，都会触发 mouseover 事件。只有在鼠标指针穿过被选元素时，才会触发 mouseenter 事件。

(1) 触发 mouseover 事件

语法格式如下：

```
$(selector).mouseover()
```

(2) 将函数绑定到 mouseover 事件

语法格式如下：

```
$(selector).mouseover(function)
```

表 3.7.1

参　数	描　述
function	可选。规定当发生 mouseover 事件时运行的函数

【任务实施】

使用 jQuery 制作网页上旋转的文字效果，同时鼠标控制其顺时针或逆时针旋转。关键步骤如下：

(1)创建页面文本

根据图 3.7.1 所示界面，创建页面文本。代码如下：

```
<div id="list">
    <ul>
        <li><a href="#">欢</a></li>
        <li><a href="#">迎</a></li>
        <li><a href="#">学</a></li>
        <li><a href="#">习</a></li>
        <li><a href="#">Web</a></li>
        <li><a href="#">编</a></li>
        <li><a href="#">程</a></li>
        <li><a href="#">基</a></li>
        <li><a href="#">础</a></li>
        <li><a href="#">。</a></li>
    </ul>
</div>
```

(2)设置样式

根据图 3.7.1 所示界面，设置页面样式。代码如下：

```
<style type="text/css">
body{
        font-family: Arial, "MS Trebuchet", sans-serif;
}
#list{
        margin:0 auto;
        height:600px;
        width:600px;
        overflow:hidden;
        position:relative;
        background-color:#FF0000;
```

```
}
#list ul,#list li{
        list-style:none;
        margin:0;
        padding:0;
}
#list a{
        position:absolute;
        text-decoration: none;
        color:#FFFF00;
}
#list a:hover{
        color:#FFFFFF;
}
</style>
```

(3)引入 jQuery 库

```
<script   type="text/javascript"
src="http://code.jquery.com/jquery-1.8.3.js"></script>
```

(4)添加 JavaScript 代码

用 JavaScript 编码实现对文字旋转的控制。代码如下：

```
<script type="text/javascript">
/*准备函数*/
$(document).ready(function(){
        /*定义和初始化变量*/
        var element = $('#list a');;
        var offset = 0;
        var stepping = 0.03;
        var list = $('#list');
        /*鼠标移到*/
        var $list = $(list) $list.mousemove(function(e){
            var topOfList = $list.eq(0).offset().top
            var listHeight = $list.height()
            stepping = (e.clientY - topOfList) /  listHeight * 0.2 - 0.1;
        });
        for (var i = element.length - 1; i >= 0; i--)
        {
            element[i].elemAngle = i * Math.PI * 2 / element.length;
        }
        setInterval(render, 20); /*控制速度,值越小速度越快*/
```

```
/＊旋转文字＊/
function render(){
        for (var i = element.length - 1; i >= 0; i--){
            var angle = element[i].elemAngle + offset;
            /＊旋转角度＊/
            x=120 + Math.sin(angle) ＊ 30;
            y = 45 + Math.cos(angle) ＊ 40;
            size = Math.round(40 - Math.sin(angle) ＊ 40);
            var elementCenter = $(element[i]).width() / 2;
var leftValue = (($list.width()/2) ＊ x / 100 - elementCenter) + "px"
            $(element[i]).css("fontSize", size + "pt");
            $(element[i]).css("opacity",size/100);
            $(element[i]).css("zIndex" ,size);
            $(element[i]).css("left" ,leftValue);
            $(element[i]).css("top", y + "%");
        }
        offset += stepping;
    }
});
</script>
```

执行效果如图 3.7.2 和图 3.7.3 所示。

图 3.7.2　鼠标控制顺时针旋转文字

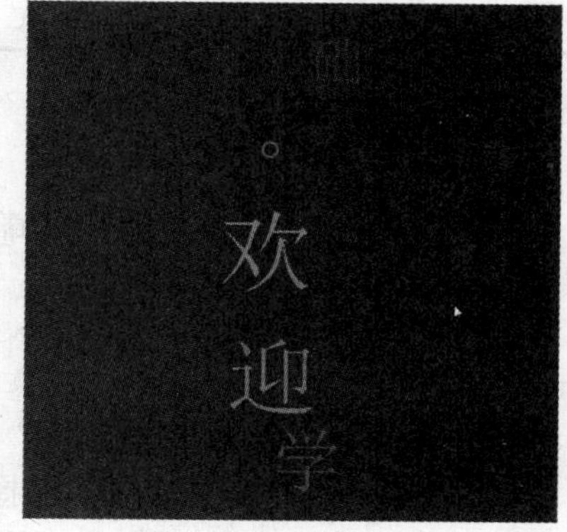

图 3.7.3　鼠标控制逆时针旋转文字

【任务小结】

该任务使用 jQuery 制作网页上旋转的文字效果,用鼠标控制其顺时针或逆时针旋转,因此这里涉及鼠标相关的 mouseover()方法。同时,为了控制文本旋转的速度和角度,本任务还运用到了一些数学函数。

【效果评价】

评价表

项目名称	jQuery 网页特效	学生姓名	
任务名称	任务 3.7　制作旋转文字	分　数	
评分标准		分　值	考核得分
总体得分			
教师简要评语： 教师签名：			

项目 3 练习题

一、选择题

1.下面哪种不是 jQuery 的选择器？(　　)

A.基本选择器　　B.后代选择器　　C.类选择器　　D.进一步选择器

2.下面哪一个不是 jQuery 对象访问的方法？(　　)

A.each(callback)　　B.size()　　C.index(subject)　　D.index()

3.如果想要找到一个表格的指定行数的元素，用下面哪个方法可以快速找到指定元素？(　　)

A.text()　　B.get()　　C.eq()　　D.contents()

4.在一个表单中，如果想要给输入框添加一个输入验证，可以用下面的哪个事件实现？(　　)

A.hover(over ,out)　　B.keypress(fn)　　C.change()　　D.change(fn)

5.当 DOM 加载完成后要执行的函数，下面哪个选项是正确的？(　　)

A.jQuery(expression,[context])　　B.jQuery(html,[ownerDocument])

C.jQuery(callback)　　D.jQuery(elements)

二、填空题

1.在 jQuery 中如果将一个“名/值”形式的对象设置为所有指定元素的属性,可以用________________实现。

2.在 jquery 中,如果想要自定义一个动画,用____________函数来实现。

3.在 jquery 中,想让一个元素隐藏,用________实现,显示隐藏的元素用________实现。

4.在一个表单里,想要找到指定元素的第一个元素用________实现,那么第二个元素用________实现。

5.在一个表单中,如果将所有的 div 元素都设置为绿色,实现功能是________________。

综合实训 3

实训 3.1　自动切换的选项卡菜单

<实训描述>

使用 jQuery 制作如实训图 3.1 所示鼠标放置自动切换的选项卡菜单。

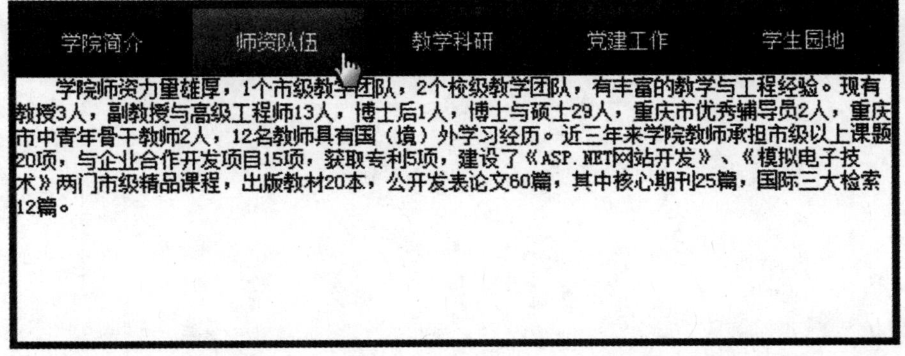

实训图 3.1

<实训说明>

本实训涉及的语法是 jQuery trigger()方法。

trigger()方法触发被选元素的制定事件类型,它规定了被选元素要触发的事件。

实训 3.2　图片滚动

<实训描述>

使用 jQuery 制作如实训图 3.2 所示的图片水平滚动效果。

实训图 3.2

<实训说明>

本实训使用到的 jQuery 的函数有 scrollLeft()、width()、hover()；使用到的 JavaScript 函数有 setInterval()、clearInterval()。

参考文献

[1] 侯天超.Web 编程基础[M].北京:电子工业出版社,2011.

[2] 刘西杰,柳林.HTML、CSS、JavaScript 网页制作从入门到精通[M].北京:人民邮电出版社,2012.

[3] 刘增杰.精通 HTML5 + CSS3+JavaScript 网页设计[M].北京:清华大学出版社,2012.

[4] 陶国荣.jQuery 权威指南[M].北京:机械工业出版社,2013.